森林培育与西南桦人工林抚育技术实践

张朴仙　邢海涛　何红云◎著

中国建材工业出版社
北　京

图书在版编目（CIP）数据

森林培育与西南桦人工林抚育技术实践/张朴仙，邢海涛，何红云著.--北京：中国建材工业出版社，2024.12

ISBN 978-7-5160-4132-1

Ⅰ.①森… Ⅱ.①张… ②邢… ③何… Ⅲ.①桦木属－人工林－森林抚育－研究－西南地区 Ⅳ.①S753

中国国家版本馆CIP数据核字(2024)第084949号

森林培育与西南桦人工林抚育技术实践
SENLIN PEIYU YU XINANHUA RENGONGLIN FUYU JISHU SHIJIAN
张朴仙　邢海涛　何红云　著

出版发行：中国建材工业出版社
地　　址：北京市西城区白纸坊东街2号院6号楼
邮政编码：100054
经　　销：全国各地新华书店
印　　刷：北京四海锦诚印刷技术有限公司
开　　本：710mm×1000mm　1/16
印　　张：10.25
字　　数：160千字
版　　次：2025年3月第1版
印　　次：2025年3月第1次
定　　价：88.00元

本社网址：**www.jskjcbs.com**，微信公众号：**zgjskjcbs**

前　言

在全球气候变化与生态环境保护日益引起关注的当下，森林资源的合理利用与保护问题显得尤为重要。作为生态系统中不可或缺的一部分，森林对于维护生态平衡、改善环境质量，以及保障人类生存与发展具有不可替代的作用。然而，由于人类的过度开发与不当利用，森林生态系统受到了严重破坏，生物多样性减少、土壤侵蚀、水土流失等问题日益严重。

在环境保护与可持续发展的理念引领下，研究者深感有必要深入探讨如何有效地实施森林培育与管理，以推动森林资源的合理利用与保护。

本书涵盖森林培育基础与西南桦人工林的价值、森林营造抚育技术、森林经营发展与林业生态工程、西南桦人工林的生态特征及相关分析、西南桦人工林的良种培育技术实践，以及西南桦人工林的造林与病虫害防治技术实践等内容。通过对森林培育与西南桦人工林抚育技术的系统研究，旨在探讨提升森林资源利用效率、改善生态环境质量的有效途径与方法。

在写作过程中，限于作者才疏学浅，难免有疏漏和不足之处，敬请各位读者批评指正。

作　者

2024 年 2 月

目　录

第一章　森林培育基础与西南桦人工林的价值

第一节　森林、林业与林学的认知

一、森林

森林是陆地上最复杂的生态系统，不仅是丰富的生物资源库，而且对改善和维护生态环境起着决定性作用。随着科学的发展和进步，人们对森林的认识逐渐加深，森林所涉及的内容和范畴逐渐丰富和扩大，到了现代，森林已经被看作一种“生物地理群落”或“生态系统”，这一认识更好地揭示了森林的本质，这时的森林已经是一个较为复杂的概念。

森林是植被组成中最主要的部分，其数量和作用远远超过了其他各种类型的植被。因此，要准确地认识和了解森林，首先要了解森林的分类。森林分类就是将各种各样的森林群落按其自然特征和林业上的特点，纳入一定的等级系统，使各类型之间的相似性和差异性更加显著，以达到认识各类森林属性的目的。

森林是以乔木为主体的生物群落，与其所处的环境紧密联系的自然统一体。森林资源不但包括森林所占有的林地和森林内蓄积的木材，也包括森林内的其他植物资源（灌木、草本、苔藓等）、动物资源、微生物资源和环境资源等。为了便于管理，我国把疏林地、灌木林地、幼林地经规划确定为林业用地、宜林地等，都纳入了森林资源范畴。同时，平原区的四旁造林、散生树木等也是林业部门的管理范畴，因此也是森林资源的组成部分。“在目前我国的可持续发展战略下，人们逐渐对森林资源生态系统的保护开始重视，因此，保护森林生态资源刻不容缓。”①

---

① 石宪．森林资源对生态系统保护的作用［J］．数据，2022（3）：62-64.

二、林业

回顾世界林业发展的历史，人类与森林的关系经历了破坏森林、利用森林和发展森林的不同阶段。传统林业起源于 17 世纪中叶欧洲资本主义兴起的时代，至今已有 300 多年的历史，其指导思想仅着眼于森林的经济效益。20 世纪七八十年代以后，随着生态危机出现，人们对传统林业经营思想和经营模式进行了反思，提出生态林业的概念，之后逐渐形成了现在的可持续林业、现代林业的新林业观念和发展模式。对于一些林业发达国家来说，林业的发展已步入发展森林及生态林业阶段。

林业的核心内涵是对森林资源的合理经营和科学管理。森林具有提供生产资料和发挥公益效能的双重作用。林业的主要经营对象是森林。古代林业以开发利用原始林，以取得燃料、木材及其他林产品为目的。然而，随着可供直接利用的资源逐渐减少，尤其在一些森林资源利用较早、工业较发达国家，森林资源形势日益严峻，人们开始逐渐关心起森林的恢复与培育方面的问题。

随着森林生态功能的日益显现，林业开始更多地承担起缓解环境压力、减少水旱灾害、保护物种多样性等责任，林业不再是单纯的一项产业和生产事业，而是进一步地扩大到了具有生态和经济双重意义的范畴，林产品的供给成为次要目的。由此可见，对于林业较科学完整的理解应为：林业是以经营森林生态系统为主，具有产业属性的社会公益事业。作为公益事业，其提供了改善生态环境的各项服务功能；作为林业产业，其继续提供国家经济建设和人民生活所必需的各种林产品。

对于我国来说，自改革开放以来，经济有了较快的发展，中国工业化速度非常迅猛，现在中国进入新型工业化时期，林业的发展也开始转向发展森林的阶段。经过多年的工业化建设后，人们已经认识到协调人与自然环境的重要性，林业不再是传统的“挖坑栽树”的简单经济产业，而是承担着改善我国的生态环境状况和提高林业产业效益的双重任务。同时，我国社会主义市场经济体制改革的发展，要求林业必须融入其中，才能与国家的发展相适应。在不断摸索人与资源、环境的协调发展的过程中，人们在转变观念的同时还进行了各种各样的创新和探索，并形成了许多相关理论（如现代林学论、林业分工论、社会林业论等）。

三、林学

对于林学的认识开始于19世纪工业革命后，当时的林学以木材为研究对象，以开采利用为中心，来满足工业化的需要。随着工业化进程的推进，早期工业化的国家出现了木材资源枯竭、水土流失及各种灾害频繁发生等诸多问题，人们开始认识到必须通过森林的合理利用和林业工程建设来改善环境、满足工业发展的需要，林学也随之逐步转到以营林和永续利用为中心上来。两个多世纪以来，林学实现了由传统林学向现代林学的转变，在深度和广度上，都有许多新的发展，人们对林学的认识也发生了很大变化。现在对于林学概念的普遍认识中，主要有两点较过去发生明显的变化：一是对于森林功能的理解，森林除了提供木材的功能，还能提供多种林产品和服务功能；二是林学不只是技术科学，还包括应用基础科学的内容，需要了解、掌握森林的自然特性，充分发挥森林的各种作用。

总结起来，现代林学就是以森林生态系统的营建、经营管理和利用为研究对象，以发挥森林生态系统的生态环境功能为核心，以全面发挥森林生态系统的多种效益和各种功能为目的的学科。

广义的林学包括以木材采运工艺和加工工艺为中心的森林工业技术学科；狭义的林学以培育和经营管理森林的科学技术为主体，包含诸如森林植物学、森林生态学、林木育种学、造林学、森林保护学、木材学、测树学、森林经理学等许多学科，也可称之为营林科学。

林学是一个相当广阔的知识领域，主要研究对象是森林，包括陆地生态系统中未经人类活动影响的原始林和经采伐或破坏后自然恢复起来的天然次生林及人工林。从18世纪中叶到19世纪末期，经过100多年的发展，林学已经成为既有技术科学成分，又包含基础科学内容的综合性学科。它包括了有关林业生产（特别是营林生产）科学技术的知识系统及与其相关的各门学科。林学的主要任务就是研究掌握森林的自然特性和规律，为充分发挥森林的各种功能，解决林业技术问题提供理论依据和技术基础，为人类创造良好的生存和发展空间。林学学科因其在国民经济和社会发展中的特殊地位，有着极为广阔的发展前景。

第二节　森林培育的目的与对象分析

一、森林培育的目的

森林作为一种生态系统具有多种功能，现代对生态系统功能的认识一般归结为四类：第一类是供给功能，即生态系统通过物质生产过程可为人类提供各种产品，如食物、材料、能源、药物等；第二类是支持功能，即生态系统通过其生存状态和生命活动支持着地球上人类生存必需的自然系统，如大气中各种组分的浓度（尤其是 CO_2浓度）、水分循环、生物多样性等；第三类是调节功能，即生态系统通过其生物群落与环境的交互作用，对一系列环境因子起到调节作用，如水源涵养、水土保持、防风固沙等；第四类是文化功能，即生态系统通过其结构和影响在社会文化方面所具有的功能，如观赏功能、保健功能、游憩功能、教育功能和就业功能等。森林生态系统具有以上所有功能，和其他生态系统相比（农作物、草地、湿地、荒漠、冰川、海洋等），森林的功能是比较全面且强大的。

人类培育森林的目的在于合理、明智地发挥森林生态系统的功能，为人类生存和生活服务。这种利用应该是有限的、有序的，以不损害森林生态系统为前提，因而也是可持续的。森林生态系统功能的发挥必然会产生巨大的效益，可归纳为经济效益、生态效益和社会文化效益，这些效益的获取也必须是均衡的、互补的、可持续的。由于森林本身是多功能的，因此森林培育也应以获取多功能的效益为主要目的。

森林所处的环境及本身的组成结构具有多样性，因而具有不同的功能侧重。人们在利用每一片森林时，在功能需求上也有不同的侧重。由于对不同森林主导功能的培育目的不同，可以把森林分为若干林种。现行的《中华人民共和国森林法》（以下简称《森林法》）将森林分为五大树种，即以生产木材为主产品的用材林，以发挥森林调节功能为主的防护林，以生产木材之外的其他林产品为主的经济林（原称特用经济林），以生产薪柴能源为主的薪炭林，以及以提供森林的保健、观赏、游憩及自然保护功能为主的特种用途林。每个林种又可细分为若干二级林种，如用材林可细分为一般用材林、专用用材林（工业用材林）、速生丰产用材林、珍贵用材林等；防护林可细分为水源涵养林、水土保持林、防风固沙林、海防林等；特种用途林也有更细的划分。目前，我国的森林分类系统和其他国家的分类系统大同小异，特色是比较全面，分得较细。当前林业工作中有把森林划分为生态公益林和商品用材林两类的做法，这主要是为了划分投资渠道及管理上的方便，与上述的林种划分不是同一性质的，在实践中还存在不少问题，应继续探索。

森林培育对林种划分有实际的需求，因为不同种的森林在培育树种、组成结构、经营方式等方面有很大的不同。但同时森林一般都是多功能兼有的，大部分森林的多功能性质很明显，因此有必要把大多数森林培育成多功能林。有些森林可能有两个以上突出的功能定位，也可以用双名法来表示主要培育目的，如防护用材林、固沙能源林等。树种的定向培育和森林的多功能培育是可以相辅相成的，应该同时成为森林培育的主要原则。

二、森林培育的对象

按照起源，森林可分为天然林和人工林，其间也可以有各种过渡状态。天然林可以细分为原始天然林、天然次生林及过渡类型的原始次生林。人工林也可因其培育方式不同而细分为飞播林、粗放经营的人工林、集约经营的人工林、近自然经营的人工林，以及人工林培育中充分利用了天然更新的人工林。人类原来经营利用的森林都是天然林，随着天然林的紧缺及科技的发展，人工培育森林逐渐成为需要与可能。天然林和人工林都是森林培育的对象。

从 19 世纪以来，人工林在森林中的比重逐渐提高。人工林的表现，在满足人类需求（特别是对用材的需求）方面具有优势，而得到一些国家（尤其是中欧国家）的青睐。20 世纪中叶以后，人工林培育的发展趋势加强，人工林的速生高产效应使一些国家以少量的人工林面积满足了大部分用材需求，甚至可供出口（如新西兰），一些国家曾经计划把森林面积的一半左右改变为人工林（如日本），一些国家以经营人工林为主体发展社区林业（如印度），20 世纪六七十年代多次世界林业大会都将发展人工林作为主要内容。但是，随着时间的推移及人工林面积的扩大，培育人工林的一些弊端也逐渐表现出来：生物多样性降低、生态功能减弱、林地肥力退化（二代效应），以及个别引进树种演变为外来入侵种起负面作用等。尤其是桉树速生人工林的发展在某些地方引起了不良的水文效应，引起广泛关注。因此，到底应该培育天然林还是人工林，成为世界林学界的讨论热点。

天然林和人工林比较起来各有优缺点，详见表1-1。①

表1-1　天然林与人工林的比较

比较项目	天然林	人工林
生物多样性	较丰富	较贫乏
生态功能（保水、保土、防灾）	较强	较弱，但针对性强，有时也很强
碳汇功能	一般中性	提高潜力大
生产力水平	与经营水平相关，从一般到较高	两极分化
地力维持	较强	偏弱
对区域和立地的适应性	较强，但限于原自然地带	可适应不同地区和立地，但适应程度不如天然林

应该充分利用天然林和人工林各自的优势，因地制宜，秉持人和自然和谐的理念，同时又要利用人的智慧和科技能力提高森林培育工作水平。从林种的角度看，培育用材林和经济林，也包括能源林，可能人工林的份额更大一些，而培育防护林和特种用途林可能更多侧重于天然林。但必须有辩证的思维，认识到还有大量的木材产自多功能的天然林，也有许多需要防护的土地上没有天然林，只能求助于人工培育。天然林和人工林培育要互为补充，各展优势。

① 翟明普，沈国舫．森林培育学［M］．北京：中国林业出版社，2016.

第三节　西南桦人工林的价值与发展前景

一、西南桦人工林的价值

（一）经济价值

西南桦树干高大通直，尖削度小，出材率高，木材缺陷少。其木材为散孔材，具有密度适中、纹理优美、不翘不裂和易于加工等优点，可广泛应用于家具材、纸浆用材、军工用材、胶合板、木地板及室内装饰用材、乐器用材、电器专用材（变压器线圈木芯）。树皮富含单宁且纯度较高，可作为栲胶原料，树皮芳香，可提取水杨酸。总之，西南桦是一个非常值得研究和发展的、多用途的优良速生造林树种。

西南桦木材自20世纪80年代推向市场后，多年来一直热销不衰，供不应求，其价格一直保持在普通松材的2倍以上。因此，发展西南桦人工林不仅是保护和发展我国西南桦资源的必然要求，同时还具有广阔的市场前景。

西南桦生长迅速，寿命也较长，适宜培养大径材。天然条件下，一般20~30年便可成材。同云南广泛种植的速生树种思茅松、杉木相比较，轮伐期可提早5~10年，加之木材价格较高，因此，西南桦人工林的经济效益比思茅松和杉木高出2倍以上。可见，西南桦生产潜力很大，经济效益较高，能显著提高农民的经济收入，值得在退耕还林及荒山造林等工程中大力推广和发展。

（二）生态价值

西南桦为旱季落叶树种，枝条细而疏散，人工林下透光度较高，可形成具有繁茂下木层、灌草层的多层多种的群落结构，保持丰富的生物多样性。每年产生大量的枯枝落叶，死地被物的盖度较高，可减少地表径流和土壤冲刷，具有较强的保土与涵水能力。因此，西南桦现已成为云南、广西等西部省区水源涵养林的主要树种之一。西南桦林内VA（丛枝）菌根菌等微生物种类十分丰富，加之厚纸质的落叶，含养分较多，易分解，改良土壤的能力较强，因此它是热带、亚热带地区退化地块地力恢复和低效生态公益林改造的理想树种。西南桦具有独特的季相变化，旱季落叶期短，一般在落叶十余天后就重新萌发新叶，嫩绿的树叶在秋季格外醒目，故分布区内的人们形象地称之为“十月青”。因此，西南桦还可作为城郊、森林公园的风景林树种加以发展。

二、西南桦人工林的发展前景

传统林业生产周期较长，按照常规，一株树木从种植、幼龄、中龄到成熟，要经过几十年到上百年的时间。这种生产模式已经不能适应日益发展的社会需要。随着科学的进步及社会发展，林业生产从提高产量和缩短生产周期方面都改变着原有的模式，面临新的挑战。西南桦作为营造短周期速生林的理想树种之一，目前正逐渐在我国热带、南亚热带地区得到应用推广，发展前景广阔。具体表现在以下方面。

（一）营造西南桦人工林是满足木材需求的选择

木材是国家建设、工农业生产及人民生活不可能被完全替代的原材料，随着社会的进步和人民生活水平的提高，对木材及其制品的需要正在成倍地增加。特别是对纸张的需要，纸张已经从文化领域进入生活领域的各个方面，从一次性桌布、餐具到隔离衣及卫生用品等。如果仍然沿用过去的生产模式，东北红松、云杉 80~120 年 1 个轮伐期，南方的杉木、云南松 20~40 年 1 个轮伐期，显然不能适应社会的需要。况且从世界范围看，森林资源正在逐年减少，这也造成了社会需求与生产供给之间差距的不断增大。社会需求的增加对林业生产提出了挑战，要求选择西南桦等速生树种，营造短周期原料林来生产社会所需要的产品。

（二）西南桦人工林具备比较成熟的栽培技术

通过研究，我国现已掌握了西南桦的生物学、生态学特性，以及种子储藏、壮苗培育、人工林营造和幼林抚育管理等技术。同时，植物生理学和土壤学等学科的进步，以及病虫害防治技术的发展，为西南桦短周期丰产林的营造提供了技术支撑与保障，可以使种植者以最少的投入获得最大的效益，机械化的发展也为西南桦速生林的营造提供了条件，从整地、施肥、浇水、防治病虫、修枝、采伐、削片到运输等各个环节都有了配套的机械，不但降低了成本，也加速了造林进程，提高了营林质量。

（三）加工技术为西南桦短周期原料林发展开辟了市场

随着木材加工工业、人造板工业、化学及胶料工业的发展，可以利用西南桦小径材、枝桠材、纤维材加工成板材，制成纤维板、刨花板、细木工板、装饰板及各种贴面板，可以用中密度板装饰成木纹板、石纹板、缎纹板及各种艺术板材。

造纸工业的发展，可以把西南桦木纤维加工成桌布、餐具、隔离衣及生活用纸，其用量也正在逐步增长。

木材加工业由只利用原木到实现小径材、纤维材的加工，这种趋势还可以从木材价格波动中看出。这样的发展趋势，为西南桦短周期速丰林生产的小径材和纤维材开辟了市场。

（四）发展西南桦速生丰产林符合投资者的利益追求

从世界范围看，对营林事业的投资，除公益林外，多是粗放型、储蓄型的投入，因为投资周期长，难以实现短期的高回报，因而投资额是有限的。而营造西南桦短周期工业原料林具有周期短、单位面积产量高、投资回报快的特点，按照现代社会经济法则，资金周转越快、盈利越大，就会吸引更多的投资者积极投入该项建设。目前在国内，尤其是云南和广西，有众多的投资者热心该项事业。投资的增加也会促进西南桦短周期速生林的快速发展，二者相辅相成。

（五）发展西南桦速生丰产林符合国家计划与政策的导向

国家颁布天然林禁伐政策后，国内木材及其制品产量急剧下降，市场供不应求，若长期依靠进口国外木材满足国内需求，不但受制于别国资源，而且价格也在不断上涨。营造西南桦等速生丰产林能迅速缓解国内木材的供需矛盾；另外，国家为了减少纸浆及木制品的进口，利用国债、贴息贷款等各项投资，加大林业投入，营造西南桦等短周期速生林正是这些投入中有效的经营方式之一。

第二章　森林营造抚育技术

第一节　森林立地与树种选择

一、森林立地

（一）森林立地及其主导因子

1. *森林立地的相关概念*

（1）森林立地。森林立地是指林业用地中体现气候、地质、地貌、土壤、水文、植被及其他生物因子等自然环境因子的综合作用，所形成的各种不同立地条件的宜林地段。森林立地是森林生长地段（空间位置）中各种环境因子的总称。

（2）立地类型。立地类型是指在立地类型组一般共同点上表现出量的变化，体现小地型、微气候、土壤性质、土壤水文条件及植被生长种类范围均基本一致的地段。为地域不相连接，但立地条件基本不同、林地生产潜力水平基本一致的地段组合。

（3）立地分类。广义上，立地分类包括对立地分类系统中各级分类单位进行的区划和划分。狭义上，将生态学上相近的立地进行组合，称为立地分类；组合成的单位，称为立地条件类型，简称立地类型。立地类型是土坡养分和水分条件相似地段的总称。一般意义上的立地分类，多指狭义分类。

立地分类的目的就是对不同立地条件和生产潜力的林地分别进行科学的分类，选择适宜的树种来达到理想的造林效果。根据立地类型的差别，制定有效的措施，以达到最高的森林收获量。立地分类是林业用地条件和林地生产力的自然分类，是营林和造林的重要理论基础，同时又是营林和造林设计中一项重要的基础工作。造林时必须按不同立地，坚持适地适树原则才能保证造林成功。

立地类型划分是林业工程建设的基础工作，是提高造林成活率和林木生长的重要科学措施，对提高林业生产水平和科学性有着重要意义。立地分类的目的就是通过对立地条件的分析研究，掌握一定区域内森林生长环境条件特点，按其分异规律划分成不同的类型，评价其质量和生产能力，分类型因地制宜地确定其适生树种和造林技术，制定合理的营林措施，使造林和营林工作获得最大的生态效益和经济效益。

（4）立地质量。立地质量是指某一立地上既定森林或其他植被类型的生产潜力，与树种相关联。立地质量是衡量立地条件对主要树种适宜程度和利用价值的指标，其质量高低取决于多种自然环境因素，包括气候因素、土壤因素及生物因素。一个既定的立地，对于不同的树种来说，可能会得到不同的立地质量评价结果。

（5）立地条件。立地条件是指在造林地上凡是与森林生长发育有关的自然环境因子的综合。在一定程度上，立地质量和立地条件可以通用。

（6）立地指数。立地指数也称地位指数、地位级，即该树种在一定基准年龄时的优势木平均高度或几株最高树木的平均高度（也称上层高度）。

（7）立地质量评价。立地质量评价是对立地的宜林性或潜在的生产力进行判断或预测。立地质量评价的目的是为收获预估而量化土地的生产潜力，或是为确定林分所属立地类型提供依据。立地质量评价的依据，可侧重于林木生长指标，如多用立地指数；也可侧重于环境因素，如地形、地貌、水文和土壤条件。前者适用于天然林区，特别是原始林区，具有直接简易等优点。但在人为干扰频繁的少林农区，用单纯的林木生长指标不能真实反映立地条件的好坏，因此在这些地区要依靠环境因素，并结合林木生长情况再进行综合评价。林业生产上主要以土壤肥力、水分等为基础来评定立地质量和林分生产力。

（8）立地因子。组成立地的各种因素，主要由气候（光照、温度、水分、空气等）、土壤（土壤组成、结构、物理和化学性质，以及土壤有机物质等）、生物（主要是植被）、地形（山地、丘陵、平原、坡度、坡位、坡向等）诸因素综合形成。

在进行森林立地分类与评价时，一般采用的立地因子主要包括三大类：物理环境因子、森林植被因子和人为活动因子。物理环境因子包括气候、地形和土坡，森林植被因子主要指植物的类型、组成、覆盖度及其生长状况等。在这些因子中，森林培育主要研究和应用的是起主导作用的因子。

第一，气候。林木立地主要受太阳能、水分、二氧化碳和各种化学养分的总生理有效供给量的支配，即区域气候的太阳辐射和降水。环境因素包括气候、地形、水文及土壤等。气候在一定的自然地理区内差别不大，而地形与土壤、水文又常互为因果，还由于地形具有直观与稳定的特点，因此利用地形（坡向坡位等）间接评价立地质量较常见。

第二，地形。地球表面的形态特征，统称地形。地貌的基本起伏可分为山地和平原。山地根据海拔高度、相对高度和坡度的不同分为高山、中山、低山和丘陵。地形影响小气候主要是山区影响到水热的重新分配，从而影响到森林的分布和生长。山地地形对林木生长发育的作用显得尤为重要。地形包括海拔高度、坡向、坡位、坡度及坡形（凹形、直形、凸形）、地形位置（前山、深山、后山）和地势（高地、低洼地）等。

第三，土壤。土壤是林木生长的基质，是森林立地的基本因子。土壤因子包括土壤种类、土层厚度、土壤质地、土壤结构、土壤养分、土壤腐殖质、土壤酸碱度、土壤侵蚀度、各土壤层次的石砾含量、土壤含盐量、成土母岩和母质的种类等。

第四，水文。水文因子包括地下水深度及季节变化、地下水的矿化度及其盐分组成，有无季节性积水及其持续期等。对于平原地区的一些造林地，水文起着很重要的作用。在平原地区的立地分类中，水文因子，特别是地下水位，经常成为主要考虑的因子之一。而山地的立地分类则一般不考虑地下水位问题。

第五，森林植被因子。反映生态系统特征、组成森林群落的主要植物种，是立地质量的指示者，从大的森林类型到林下植被，从不同生态特性的建群树种，到一些非建群植物种分布，在不同层次及不同程度上反映着森林生长的环境特征。在植被未受严重破坏的地区，植被状况能反映出立地的质量，特别是某些生态适应幅度窄的指示植物，能够较清楚地揭示造林地的小气候、土壤水肥状况规律，帮助人们深化对立地条件的认识。

第六，人为活动因子。土地利用的历史沿革及现状反映了各项人为活动对上述各项因子的作用。不合理的人为活动，如取走林地枯枝落叶、严重开采地下水，会使立地劣变，发生土壤侵蚀，降低地下水位。由于人为活动因子的多变性和不确定性，在森林立地分类中，一般只作为其他立地因子形成或变化的原动力之一进行分析，而不作为立地条件类型的组成因子。

2. 森林立地主导因子

（1）主导因子的概念。一块造林地上作用于林木生长的环境因子相当多，各个因子所起的作用差异很大，有的因子对林木生长发育的作用微不足道，有的因子却起着决定性的作用，起决定性作用的因子，在造林学上称为主导因子。在分析立地与林木的关系时，只要找出主导因子，就能满足造林树种选择和制定造林技术措施的需要。主导立地因子可包括地形、土壤、水文、生物、人为活动和特殊因素等。

（2）主导因子的确定方法。确定主导因子并没有一个统一的方法和标准。可以从两个方面去探索：一是逐个分析各环境因子与植物必需的生活因子之间的关系，从分析中找出对生活因子影响面最广、影响程度最大的环境因子；二是找出处于极端状态，有可能成为限制植物生长的环境因子，如干旱、严寒、冰冻、强风、过大的含盐量等。把这两方面结合起来，从保证林木生长所需的光、热、水、养分等生活因子着眼，逐个分析各环境因子的作用程度。主导因子的确定可采用定性分析与定量分析相结合的方法，要特别注意那些处于极端状态，有可能成为限制因子的环境因子。

探索主导因子不能只凭主观和固定的眼光来分析，而要依靠客观调查，从各环境因子对林木生长影响程度的客观现象中总结出主导因子；同时主导因子离不开所处的具体环境，场合变了，主导因子也会发生变化。例如，坡向在一些场合下起主导作用，而在另一些场合就没有明显作用。

（二）森林立地分类

1. 森林立地分类的原则

（1）地域分异原则。森林立地分类应以光、热、水分、土壤与植被的地域分异为主要依据。任何一级森林立地单元，都必须反映本级范围内自然地理因子。系统的级次不宜过细，等级不宜过多。不同立地类型在主要立地因素上有明显差异，相同立地类型在地域上可不相连，但立地条件必须基本一致、相对稳定，要求采取相同的造林和营林技术措施，有基本相同的生产力。

（2）多因子与主导因子相结合原则。在综合分析的基础上，找出一两个主导因子及其划分指标，将类型区分开来。直观的主导因子更能表达类型的主要特征。主导因子既是分类的主要依据，也是影响立地利用改造的主要因素，对生产应用而言具有容易掌握的特点。

（3）简明实用原则。森林立地分类要着眼于生产应用，服务于造林营林工作，应让广大营林工作者容易理解和使用。在建立系统时要以最简明、最准确、最直观的命名和文字描述表达出来，确定的主导因子要求容易鉴别，以达到森林立地分类所要求的科学性与实用性结合的目的，分类中各级类型划分的依据和指标都要紧密地考虑树种、造林和森林经营上的差别，以及可能带来的经济效益。

在立地分类中经常采用定性和定量的方法，因此在划分立地条件类型时，要求其组成因子在野外调查时应便于测量，如土层厚度、坡向、海拔、植被等因子，比较容易测定和把握。划分的立地类型粗细适当，能落实到小班，便于在规划设计和造林生产中应用。例如，用土坡水分含量作为立地分类依据是科学的，但实际上在生产中无法应用，所以采用间接反映土壤水分含量的地形因子分类更合适。

（4）生态经济原则。既要考虑自然条件，又要考虑社会经济条件，做到充分发挥自然条件的潜力和满足社会经济发展的需要。

2. 森林立地类型的划分

（1）森林立地类型划分的方法。立地条件类型的划分，可以分为以环境因子为依据的间接划分方法和以林木的平均生长指标为依据的直接划分方法。由于我国造林区多为无林地带，因此间接的划分方法最为常用。

第一，利用主导环境因子分类。根据环境因子，特别是主导环境因子的异同性，进行分级和组合来划分立地条件类型，有的辅以立地指数。这种方法比较适合无林、少林地区，以及因森林破坏严重而难以利用现有森林进行立地条件类型划分的地区。其特点是简单明了、易于掌握，因而在实际工作中广为应用。但这种方法包含的因子较少，显得比较粗放。

不同地区和不同地类的主导环境因子及其分级标准不可能完全一致，因此，进行立地条件类型划分时，可结合本地具体条件制定出合适的立地条件类型表。

第二，利用生活因子分类。根据生活因子（水分、养分等）划分立地条件类型。以纵坐标代表土壤湿度，横坐标代表土壤养分。把土壤湿度从极干旱至湿润分为若干水分级，并以数字表示各自干湿程度，同时借助于反映土壤湿度状况的指示植物和覆盖度指示水分状况；土壤养分按土类、土层厚度分为若干养分级，以字母表示其养分高低，最后制成二维表格形式。

在实际应用当中，只要测定造林地土壤湿度、土层厚度及出现的植物种类、覆盖度，通过立地条件类型表就可查得造林地相应立地条件类型。

第三，利用立地指数代替立地类型。用某个树种的立地指数来说明林地的立地条件。这种方法有五个特点：其一，应用于大面积人工林地区评估立地质量，易做到适地适树；其二，能够预测未来人工林的生长和产量；其三，编制立地指数类型表外业工作量大；其四，某一树种的立地指数类型表仅适用于该调查地区该树种，不同的树种要制作不同的立地指数类型表；其五，立地指数只能说明立地的生长效果，不能说明原因。

立地指数法对定量评价立地因子、准确划分立地条件类型具有十分重要的意义，但要用立地指数完全代替立地条件类型，则是困难的。

（2）森林立地类型的应用。立地类型是组织林业生产、调查设计、制定造林技术措施及提高林地生产力的基础。它在森林调查、造林和营林生产实践中具有广泛的作用。

第一，在造林和规划中的应用。在造林工作中，立地类型是制定科学造林技术措施的基础。如林种、造林树种选择，林分结构、造林施工及幼林抚育管理等技术都需要依据立地类型进行设计，不同的立地类型需要不同的造林技术措施。在造林规划设计中，立地类型是划分造林类型的主要依据，是造林设计的基础工作。应用立地类型立地条件的异同进行林种布局，能充分发挥林地生产力或林种的功能。

第二，在森林抚育和主伐更新中的应用。立地类型是林木生长周期内制定各种抚育、主伐更新技术措施的主要依据，是确定抚育间伐的时间（林龄）、方式、强度和间隔期的主要依据，例如，立地条件好的林分，林木自然分化早，宜采用早间伐、强度小、间隔期短的抚育间伐措施。

第三，在森林资源调查设计中的应用。根据野外专业调查，划分立地条件类型，编制成立地类型表。在森林调查工作中应用立地类型表，对照调查小班的环境条件，确定小班立地类型，然后按各立地类型小班统计面积，提出调查区各立地类型的比重，进而评价立地质量，作为制定造林规划设计、森林抚育和主伐更新规划等的依据，并编绘立地类型分布图。

二、树种选择

（一）树种选择的原则

1. 经济学原则

对于用材林来说，木材产量和价值是树种选择的最客观的指标。由于不同的树种在种子来源、苗木培育及其他育林措施方面的成本、木材价值不同，所以，所得收益是不同的。由于森林的许多收益具有投入多年才能收获的特殊性，所以，育林的理财问题也是个独特且重要的问题，即不但要比较不同树种所产生的价值，而且要比较收益所需时间的不同，计算投入的成本。

2. 林学原则

林学原则包括繁殖材料来源、繁殖的难易程度、组成森林的格局与经营技术等。造林树种的选择必须与生产实际相结合。繁殖材料来源的丰富程度和繁殖方法的成熟程度直接制约着森林培育事业的发展速度。随着科技进步和发展，如组织培养和生物技术，使得原本比较缺乏的繁殖材料有可能在较短的时间内丰富起来。

3. 生态学原则

森林是个生态系统，树种的选择必须作为生态系统的组成部分全面考虑。生态学原则如下。

（1）立地的温度、湿度、光照、养分等状况能够满足树种的生态要求。

（2）生物多样性保护是森林培育的重要任务，树种的选择必须坚持多样性原则。越好的立地，越适宜选择比较多的树种，以营造结构比较复杂的森林，发挥更好的生态效益和生产潜力。

（3）树种选择应考虑形成生物群落中树种之间的相互关系。其中包括引进树种与原有天然植被中树种的相互关系，也包括选择树种之间的相互关系。

（二）各林种对造林树种的要求

1. 用材林的树种选择

用材林对树种选择的要求集中反映在“速生、丰产、优质”等目标上。

（1）速生性。速生性指木材的年生长量大，成材年限短，即能较快地使培育的树木达到可利用的标准。一般认为生长量达到 9 m^3/（hm^2·a）为速生。不同地区标准不一样：北方：7.5 m^3/（hm^2·a）；南方 10.5 m^3/（hm^2·a）。

（2）丰产性。丰产性泛指单位面积的木材产量或生产水平。树种的丰产性就是要求树体高大，相对长寿，材积生长的速生期维持时间长，又适于密植，因此能在单位面积林地上最终获得比较高的木材产量。

（3）优质性。优质性有两方面的含义：良好的形态和质量指标。形态主要是指树干通直、圆满、分枝细小、整枝性能良好等特性，树种出材率高，采运方便，用途广泛；质量是指材质优良，经济价值较大。

2. 经济林的树种选择

经济林是指利用树木的果实、种子、树皮、树叶、树汁、树枝、花蕾、嫩芽等，以生产油料、干鲜果品、工业原料、药材及其他副特产品（包括淀粉、油脂、橡胶、药材、香料、饮料、涂料及果品）为主要经营目的的乔木林和灌木林，是有特殊经济价值的林木和果木。如木本粮食林、木本油料、工业原料特用林等。经济林产品包括果实、种子、花、叶、皮、根、树脂、树液、虫胶、虫蜡等。

经济林的树种选择，不仅要考虑种，更重要的是考虑品种（类型）。另一个考虑重点是生产目的。例如：在品种选择上，要考虑树种结构、品种结构，品种的授粉配置，多树种、多品种的配置比例；还要考虑品种成熟期的差异，同时也要考虑早、中、晚熟品种的搭配等因素。因此，经济林对造林树种的要求可以概括为“速生性”“丰产性”和“优质性”三方面。

3. 防护林的树种选择

对于防护林树种的选择，因其防护对象的不同而有不同的要求。

（1）农田防护林的树种选择。农田防护林的主要防护对象是风害（干热风、风灾、沙尘风暴等）、平流霜冻、旱涝灾害、冰冻灾害等自然灾害，它的主要功能是改善农田小气候条件，保证农田高产稳产，同时生产各种林产品，并美化环境。因此，农田防护林的树种选择要求为：① 抗风力强；② 生长迅速，树体高大，枝叶繁茂，能更快更好地发挥防护效能；③ 为深根性树种，侧根伸展幅度小，树冠狭窄，对防护区内农作物的不利影响较小；④ 生长稳定，寿命长，和农作物没有共同的病虫害；⑤ 能生产大量木材和其他林产品，具有较高的经济价值。

（2）水土保持林的树种选择。水土保持林的主要功能是拦截及吸收地表径流，涵养水分，固定土壤免受各种侵蚀。水土保持林的树种选择要求为：① 适应性强，能适应不同类型水土保持林的特殊环境，如护坡林的树种要耐干旱清薄（如柠条、山桃、山杏、杜梨、臭椿等），沟底防护林及护岸林的树种要耐水湿（如柳树、柽柳、沙棘等）、抗冲淘等；② 生长迅速，枝叶发达，树冠浓密，能形成良好的枯枝落叶层，以拦截雨滴，避免直接冲打地面，保护地表，减少冲刷；③ 根系发达，特别是须根发达，能笼络土壤，在表土疏松、侵蚀作用强烈的地方，选择根蘖性强的树种（如刺槐、卫矛、早冬瓜等）或蔓生树种（如葛藤）；④ 树冠浓密，落叶丰富且易分解，具有土壤改良性能（如刺槐、沙棘、紫穗槐、胡枝子、胡颓子等），能提高土壤的保水保肥能力。

（3）固沙林的树种选择。固沙林的主要功能是防止沙地风蚀，控制沙砾移动对各项设施（城镇、道路、水利设施）或生产事业（农田、牧场）的危害，并合理地利用沙地的生产能力，对于固沙林的树种选择有如下要求：耐旱性强、抗风蚀沙埋能力强、茎干在沙埋后能发出不定根、植株具有根或串茎繁殖能力、耐瘠薄能力强。

此外，防护林还包括沿海防护林、牧场防护林等次级林种，树种选择也都有各自的特殊要求。

4. 薪炭林及能源林的树种选择

（1）薪炭林的树种选择。薪材是人类最古老的能源，在我国有着悠久的经营利用历史。但是长期以来，农村能源和薪材资源缺乏，森林过量采伐，造成严重的生态恶果，制约着农村的经济发展。全国薪炭林的面积比重为3.3%，蓄积比重为0.7%。营造专门的薪炭林在能源紧缺、发展利用可再生能源的今天仍具有重要意义。薪炭林对树种选择的要求主要是：生长迅速、干枝的木材容量大，产热量高，易燃、火旺、烟少、不爆火花、无有毒气体排放，具有萌发更新能力，适应性强，能兼顾取得饲草、饲料、小径材、编织材料和发挥防护效益等。如北方地区的沙棘、刺槐、紫穗槐、柽柳、沙柳、柳树，南方地区的红锥、木荷和桉树等。

（2）能源林的树种选择。能源林就是专门为提供能源而经营的森林。目前世界各国非常重视能源林的科研、开发和利用，能源树种的选择原则如下：生存能力强，容易造林；生长迅速，生物产量高；适应性强，具有耐干旱、耐瘠薄、耐盐碱、耐低温、抗病虫害、抗风等特点；具有很强的萌发更新能力，适用于短轮伐期经营；最好具有固氮作用，既能自我营养，又能培肥地力，改良土壤等；木材易干燥；干枝的木材容量大，燃烧值高；燃烧时火旺、烟少、不爆火花、不呛人、无有毒气体放出；便于运输。

5. 环境保护林和城市森林的树种选择

（1）环境保护林的树种选择。环境保护林的树种选择要根据生态环境的特点和园林绿化的要求，以及树种的特性和主要功能综合考虑。在大型厂矿周围，特别是在产生有害气体的厂矿周围营造人工林时，要选择那些对污染物抗性强，而且能吸收污染气体的树种。

由于不同树种对于环境的适应能力不同，有些树种对有害气体十分敏感，当人们尚无感觉时，它们已经表现出有害症状。有些无臭无色但毒性很大的气体，如有机氯，很难为人们所觉察，而通过植物的表现症状可及时地获得这些有害气体的准确信息。这些指示植物可作为环境污染的“警报器”，用以监测和预报大气污染的程度。此类植物通常称为“指示植物”。

（2）城市森林的树种选择。城市森林树种的选择，除了生态功能，还要着重发挥体现对比、调和、韵律与节奏、陪衬与烘托作用，避免重复与单调。在树种选择与植物群落配置中，更应该注意景观效益、生态效益密切结合，不仅体现植物带来的降温增湿、释氧吸碳、防风、减噪、杀菌、滞尘、吸收空气中的有害气体、防灾等生态效益，而且要重视发展乔灌草复层结构的配合，充分利用立体空间，增加单位面积的绿量。做到针叶与阔叶结合，突出乔木，季相景观与空间结构相协调，达到城市森林的最佳结构。

在城市森林树种选择时，除了树种的保健功能，还要考虑美化和休憩活动的需求，造林树种应当具有展叶早、落叶晚（常绿更好）、树形美观、色彩鲜明（如秋季的红叶树种）、花果艳丽等特性，多个树种交替配置，避免形成单调呆板的环境。要充分考虑植物群落花色、叶色等外部形态的季节性变化，使绿化、美化、香化与季相景观相结合。例如：春有迎春、玉兰、连翘，春花烂漫；夏有国槐、银杏、栾树，绿树成荫；秋有柿树、红枫、紫薇、黄栌，层林尽染，硕果累累；冬有腊梅、松柏，傲雪凌霜。从而形成丰富的季相景观，一年四季都能欣赏到不同的森林景色。选择还要求在一定程度上与各地人民的生活习惯、审美观点相联系，应因地制宜，体现当地文化色彩。

6. *四旁植树的树种选择*

四旁（路旁、水旁、村旁、宅旁）的条件相差很大，植树造林的要求也各不相同，选择树种必须强调因地制宜。

路旁包括铁路、公路，路旁植树是为了保护路基，美化环境，保证行车安全，避免烈日直射路面。因此要求树种树体高大、树干通直、树冠开阔、枝繁叶茂。但在线路交叉口和道路曲线内侧不宜栽植高大的乔木树种，以免影响视线。

水旁植树是为了堤岸的水土保持，护岸防蚀，防风浪冲击和季节性水蚀，减少水面蒸发，防止次生盐演化。树种应根系发达、喜湿耐淹、速生优质。

村旁、宅旁由于面积较小，经营条件好，树种选择应多样化，兼顾防护、美化和生产等多种效能。种植一些对立地条件要求较严格的珍贵用材树种（如香樟、楠木、银杏）、一般用材树种（如白榆、楸树、槐树、水杉等）、一定比例的特用经济树种（如核桃、板栗、柑橘、樱桃、杏、苹果、梨、葡萄、花椒、竹子等）及观赏价值高的树种（如银杏、梧桐、桂花、榕树、连翘等）。

四旁地的立地条件好，块小但面广，经营为多功能的树林，经济效益和防护效益明显，有广阔的开发利用前途。

第二节　森林的生长发育与调控

一、林木个体的生长发育

（一）林木个体生长发育的概念

林木个体生长是指树木个体体积和质量的增长变化，由种子萌发，经过幼苗时期，长成枝叶茂盛、根系发达的林木。林木生长是通过其内部物质经过代谢合成，造成体量的增加而实现的。林木的生长通常可以通过其生长过程、生长速率及生长量等来加以描述。林木的生长可细分为树高生长、直径生长、根系生长、树冠生长和材积生长等，总体上按照慢—快—慢的顺序节律进行，通常是树高先生长加快，然后直径生长和材积生长加快。不同树种的生长规律可能有很大差异。

林木个体发育是林木个体构造和机能从简单到复杂的变化过程，即林木器官、组织或细胞的质的变化，也就是新增加的部分在形态结构乃至生理机能上与原来部分均有明显区别。在高等植物中，发育一般是指达到性机能成熟，即林木从种子萌发到新种子形成（或合子形成）到植株死亡过程中所经历的一系列质变现象。

林木个体的生长与发育既有密切联系，又有质的区别。生长是发育的前提，没有一定量的生长，就没有质的发育。发育是在生长基础上进行的，发育过程中又包含着生长。良好的生长才会导致正常的发育，正常的发育则为继续生长准备了条件。然而，林木个体生长与发育又存在着质的区别。生长主要表现为林木细胞数量的增加和各器官体量的增加，以量变的过程为主要特征。发育则表现为细胞生活物质内在的变化，是以质变为显著特征的变化过程。对林木生长有利的条件，不一定对发育有利，反之亦然。生长与发育所需环境条件有显著不同，只有分别满足生长和发育的具体需要时，林木生活才得以正常进行。林木培育的目的可能不同，有的以培育主干木材为主，有的则以果实（种子）为主，也有的要兼顾木材和种实的生产。不同的培育目的对控制林木生长和发育有不同的要求。

（二）林木个体生长的周期性

在自然条件下，林木及其器官的生长速率随着昼夜或季节发生有规律的变化，这种现象称为林木生长的周期性。林木生长产生周期性的原因主要是昼夜或四季的温度、光照和水分等因素的分配差异，以及林木对这些因素的适应性差异。四季的温度、光照和水分等因素的变化大于昼夜变化，因此对林木生长的影响更大，使得林木生长的季节周期性变化更为明显。

林木生长的季节周期性变化是林木对环境周期性变化的一种适应，而不同树种生长的季节周期性有很大差异，特别是在高生长方面表现更为突出。通常根据一年中林木高生长期的长短，可把树种分为前期生长类型和全期生长类型两种。

前期生长类型又称春季生长类型。这类树种的高生长期及侧枝延长生长期很短，多数为1~3个月（北方1~2个月，南方1~3个月），而且每年只有1个生长期，一般到5—6月高生长即结束。前期生长类型的树种有松属、云杉属、冷杉属、栎属及银杏、板栗、核桃等。前期生长类型的特点是春季开始生长时，高生长经过极短的生长初期，即进入较短的速生期，之后便很快停止生长。以后主要是叶子生长，如叶面积扩大，新生的幼嫩枝条逐渐木质化，出现冬芽，根系和直径继续生长，充实冬芽并积累营养物质。前期生长类型的树种有时会出现二次生长现象，即当年形成的芽，在早秋又开始生长，称为秋生长或二次生长。由于二次生长的部分当年秋季不能充分木质化，所以不耐低温和干旱，经过寒冬和春旱后死亡率很高，如油松、红松、樟子松、核桃等。了解林木的这种生长特点，可使森林培育工作做到有的放矢，采取更有效的调控措施来保证林木的正常生长。有些本属前期生长的树种，在合适的条件下（生长季长，条件优越）可能产生正常的二次、三次，甚至多次生长，即一年中有多次形成定芽并多次萌发，这种现象在南方松类（湿地松、加勒比松等）中相当普遍，栎类树种也有此现象。

全期生长类型的树种，其高生长期持续在整个生长季节（北方3~6个月，南方6~8个月，有的达9个月以上）。属全期生长类型的树种有侧柏、落叶松、杉木、柳杉、雪松、杨树、刺槐、桉树、泡桐、悬铃木、山杏、紫穗槐等。全期生长类型林木的生长特点是高生长在全生长季节中都在进行，而叶子生长、新生枝条的木质化等是边生长边进行，秋季达到充分木质化，以备越冬。全期生长类型林木的高生长速度在一年中并不是直线上升的，会出现 1 ~ 2 次生长暂缓期，即高生长速度明显减缓，高生长量大幅度下降，有时甚至进入生长停滞状态。在暂缓期过后，高生长还会出现第二次速生高峰期。根据这些生长特点，可采取相应的技术措施来调控林木的生长。

（三）林木个体生长的相关性

1. 地下部分和地上部分的相关性

地下部分是指林木的地下器官，如根、块茎及鳞茎等；地上部分是指林木的地上器官，包括茎、叶等。地下部分与地上部分的生长是相互依赖、相互促进的，“根深叶茂”就是对其协调关系的很好总结。根和地上部分生长的协调，主要是营养物质和生长调节物质的相互交换供应。地上部分所需的水分、矿物质、氨基酸和细胞分裂素等由根部供给，而根所需的糖、维生素等由地上部分的叶子制造。

林木地下部分与地上部分的生长也存在相互抑制的关系。在年生长周期中，地上部分高生长的速生高峰期与地下部分根系的速生高峰期交错进行。在生长初期，根系生长比高生长快，在春季便最早出现生长高峰，这是因为根系生长要求的最低温度比地上部分低。随后，高生长速度逐渐超过根系生长速度，进入高生长速生期。这时林木已枝叶繁茂，地上部分的营养器官发达，是需水、需肥最多的时期，这时根系生长却比较缓慢。高生长速生高峰期过后，由于地上部分的营养器官能制造大量碳水化合物输送到根部，促使根系加速生长，因而根系生长加快。

2. 主茎和侧枝的相关性

在林木生长过程中，普遍会出现主茎生长很快、侧枝生长较慢的现象。这种林木主茎顶芽生长快，抑制侧芽或侧枝生长的现象，称为顶端优势。松树、圆柏和杉木等都具有明显的顶端优势。松、柏、杉等林木的侧枝，越靠近顶端的受抑制越强，离顶端远的受抑制弱，因而形成塔形树冠。有些树种的顶端优势很弱或者没有顶端优势。

林木的根系也有顶端优势，主根生长旺盛，使侧根生长受到抑制。在主根受损时，侧根才较快生长。所以，在苗木移栽或造林时，修剪过长的主根，可使侧根及须根生长加快，有利于造林成活及林木生长。

某些果树（苹果、梨、荔枝等）虽无明显的顶端优势，却有明显的先端优势。先端优势是指主茎顶芽不抑制侧枝生长，而是所有枝条的顶芽抑制本枝条下部芽生长。

在生产上，需要保持或去除林木的顶端优势。杉、松等用材树种，需要保持顶端优势，使其长得高大、通直。园艺上果树的修枝整形和盆景的培育，移苗时断根促进侧根生长，也是顶端优势原理的应用。

3. 营养生长与生殖生长的相关性

林木在生长发育过程中，前期是根、茎、叶的生长，即营养生长；到了一定阶段，花芽分化，接着开花、结实。花芽分化后，林木进入生殖生长阶段。营养生长和生殖生长是林木生长发育两个不同的阶段，但彼此不能截然分开。林木从种子萌发到花芽分化之前的时期为营养生长期，以后便进入营养生长和生殖生长的并进阶段，而且可持续多年。

林木的营养生长和生殖生长相互依赖、相互对立。一方面，营养生长为生殖生长奠定物质基础，生殖器官生长所需的养分大部分由营养器官供给，因此营养器官生长的好坏直接关系到生殖器官的生长发育；另一方面，在生殖生长过程中，生殖器官会产生一些激素类物质，反过来影响营养器官的生长。营养生长与生殖生长的对立关系，主要表现在营养器官生长对生殖器官生长的抑制和生殖器官生长对营养器官生长的抑制两个方面。营养器官生长过旺，会影响生殖器官的生长发育。由于营养生长与生殖生长的不协调，经常导致林木结实发生丰歉年交替出现的现象。在林木种子生产上，为了缩短林木结实的间隔期，必须实行集约栽培，采取科学、合理的调控措施，如控制适宜的密度、提供充足的光照、进行科学的水肥管理、实施必要的疏花疏果等，调控营养生长和生殖生长的矛盾，使林木种子连年丰收。而在培育用材林时，需要在一定的年龄阶段内控制生殖生长，以便把养分集中用于营养生长，促进林木速生丰产。

4. 极性和再生

林木体或其离体部分（器官、组织或细胞）的形态学两端具有不同生理特性的现象，称为极性。极性是林木分化的基础，林木的极性在受精卵中形成并保留下来。再生是指林木个体的离体部分具有恢复林木其他部分的能力，这以细胞中遗传物质的全信息性为基础。插枝、压条和组织培养中的外植体都能培育成完整的植株。将柳树枝条切段挂在潮湿的环境中，无论正挂还是倒挂，其形态学上端总是长芽，形态学下端总是长根。林木各种器官的极性强弱不同，一般茎的极性较强，根和叶的极性很弱或不明显。

（四）林木个体发育与结实

1. 幼年期

林木个体发育的幼年期从种子萌发时开始，到第一次开花结实时为止。在幼年期，林木年幼，可塑性大，对环境条件适应性强，枝条的再生能力强，比较容易生根，适于营养繁殖。在这一时期，林木从种子萌发，幼根生长，随后幼茎出土、展叶、抽条等，都是以营养生长为主，是林木积累营养物质的时期。此时林木尚未形成生殖器官，没有形成性细胞的能力，不能开花结实。到了幼年期后期，随着营养物质不断地积累，林木开始从营养生长向生殖生长转化，开始进行花芽分化，为开花结实准备条件。通常，林木从种子萌发后要经过几年、十几年甚至几十年，才能开花结实。

2. 青年期

青年期是从第一次开花结实开始，到结实 3~5 次为止。在青年发育阶段，林木积累了充足的营养物质，在适宜的环境条件（如温度、养分、水分和光照等）下，开始由营养生长转入生殖生长，产生能够形成生殖器官和性细胞的质变过程，分化出花芽，开始开花结实。但是，在这一时期林木仍以营养生长为主，生长较快，分枝、冠幅扩大及根系生长等也比较快，同时逐渐转入与生殖生长相平衡的过渡时期，结实量不多，果实和种粒大，但空粒较多。青年期的林木种子的可塑性较大，是引种的好材料。

3. 壮年期

林木发育的壮年期又称结实盛期，是从大量结实起，到结实开始衰退为止。在这个时期，林木大量结实，种子种粒饱满，产量高、质量好，是采种最佳时期。同时，结果枝和根系生长都达到最高峰，冠幅充分扩大，林木对养分、水分和光照条件的要求高，对不良环境条件的抗性强。此时期林木可塑性大大减弱，生物学特性稳定。

4. 老年期

林木从结实量大幅下降开始，发育进入老年期阶段。进入老年阶段后，林木失去可塑性，生理功能明显衰退，新生枝条的数量显著减少，林木主干茎末端和小侧枝开始枯死（枯梢），抗逆能力大幅下降，容易遭受病虫害，结实量大幅减少，种粒小，在生产上已无应用价值。

二、林木群体的生长发育

林木群体是由林木个体组成的，因此林木群体的生长发育与林木个体生长发育有密切的关系，必然带有林木个体生长发育的一些特征，遵循林木个体生长发育的基本规律。但是，由于林木群体是复杂的生态系统的组分，其生长发育不仅与林木个体自身的遗传和生理生态特性有关，而且与林木群体结构及其生物和非生物环境有很大的关系。

林木群体在其生长发育过程中，随着年龄的增长，其内部结构和对外界的要求均有所不同，并表现出一定的阶段性。一般从幼苗到成熟，典型的林分要经过幼苗、幼树、幼林、中龄林、成熟林、过熟林（衰老）等生长发育阶段，但不同树种所经历的每个阶段的时间（年限）有很大差别。

（一）幼苗阶段

从种子形成幼苗（或萌蘖出苗）到1~3龄前，或植苗造林后1~3年属于幼苗阶段，或称为成活阶段。幼苗以独立的个体存在，苗体矮小，根系分布浅，生长比较缓慢，抗性弱，任何不良环境因素都会对其生存构成威胁。其生长特点是地上部分生长缓慢，主根发育迅速，地下部分的生长超过地上部分。幼苗在这个时期必须克服自身的局限和外界环境的不良影响，才能顺利成活并保存下来。这个时期森林培育的主要任务是采取一切技术措施来提高成活率和保存率。在我国造林实践中，解决这一时期幼苗的生根和水分供应问题，维持苗木体内水分平衡至关重要，一切调控技术必须围绕这一中心环节。

（二）幼树阶段

幼树阶段是指幼苗成活后至郁闭前的时期，又称郁闭前阶段。在幼树阶段，幼树仍然以独立的个体存在，扎根和根系大量发生。幼苗成活后，幼树逐渐长大，根系扩展，冠幅增加，对立地环境已经比较适应，稳定性有所增强。以杉木为例，这个阶段的幼树根系大量分生，密集在表土层 30 cm 范围内，根幅可达 2~3 m；幼树主梢生长逐渐旺盛，每年可达 0.5~1.5 m，侧枝每年生长一轮或更多；地上部分的生长较地下部分缓慢。在立地条件好、造林技术精细的地方，幼树阶段较短，很快即可郁闭成林并进入速生阶段。相反，如果立地条件差或整地粗放、抚育不及时，幼树阶段则相对延长，林分迟迟不能郁闭，常形成“小老树”。

在这个时期，调控幼树生长的中心任务，就是要及时采取相应的抚育管理措施（包括土壤管理措施，如松土、除草、施肥、灌溉、间作等；幼树抚育措施，如间苗、平茬、除蘖等），改善幼树的生活环境，消除不良环境因素（包括生物竞争）的影响，促进幼树生长，加速幼林郁闭，以形成稳定的森林群落。在天然更新时，幼树分布的不均匀导致郁闭进程的群团性特征，如何保证培育目的树种的幼树不受损害，稳定生长，并顺利进入郁闭是这个阶段的主要培育任务。

（三）幼林阶段

一般林分郁闭后的 5~10 年属于幼林阶段，为森林的形成时期。这个阶段是从幼树个体生长发育阶段向幼林群体生长发育阶段转化的过渡时期，幼树树冠刚刚郁闭，林木群体结构才开始形成，对外界不良环境因素（如杂草、干旱、高温等）的抵抗能力增强，稳定性明显提高。同时，这个阶段的前期林木个体之间的矛盾还很小，个体营养空间比较充足，有利于幼林生长发育，开始进入高和径的速生期。天然更新良好的幼林此时进入全林郁闭，呈不通透的密集状态，有时称为密林阶段。这个时期调控林木生长发育的中心任务，就是要为幼林创造较为优越的环境条件，满足幼林对水分、养分、光照和温度的需求，使之生长迅速、旺盛，为形成良好的干形打下基础，并使其免遭恶劣自然环境条件的危害和人为因素的破坏，去除非目的树种对目的树种的过度竞争，透光使幼林健康、稳定地生长发育。发育较早的树种在这个时期已开始结实，属结实幼年期。

对于充分密集的幼林，在幼林阶段的后半段往往出现一些新的变化。由于林木高径快速生长，林分出现了拥挤过密的状态，林木开始显著分化，枝下高迅速抬高，林下阴暗而往往形成较厚的死地被物，开始出现自然稀疏现象，这个阶段称为杆材林阶段。在此阶段中，林木因过密而生长纤细，易遭风雪及病虫危害，种间竞争也比较激烈，急需人为保护目的培育树种并降低密度，以促进保留树的树冠发育和直径生长，增强抗逆能力。因此，这是一个森林抚育极为重要的时期。密度预先调控适当的人工林，有时可以躲开杆材林阶段，幼林直接进入中龄林阶段。

（四）中龄林阶段

林分经过幼龄林阶段而进入中龄林阶段，森林的外貌和结构大体定型。在这个阶段，林木先后由树高和直径的速生时期转入到树干材积的速生时期，在林木群体生物量中，干材生物量的比例迅速提高而叶生物量的比例相对降低。这个阶段是森林生长发育比较稳定，材积生长加速，防护作用增强的重要阶段。在这个阶段，由于林木体量增大而造成拥挤过密的过程还在延续，仍需通过抚育间伐进行调节。此时林木已可适于某些经济利用，但利用要适度，仍要以保证林分结构优化、促进林分旺盛生长为主。对林分发育和结实的调控，需视林分培育的目的而定。在一般防护林及用材林中，此阶段不需要有大量的结实，要以控制发育，促进生长为导向；而在对林木结实有需求的情况下（林果兼用林、采种母树林等），要使林木生长和发育协调发展。中龄林阶段的延续时间因地区和树种而异，一般为两个龄级，在10~40年。

（五）成熟林阶段

林木经过中龄林生长发育阶段，在形态、生长、发育等方面出现一些质的变化。从形态上看，林木个体增大到一定程度，高生长开始减缓，甚至停滞，树冠有较大幅度的扩展，冠形逐步变为钝圆形或伞状，林下透光增大，有利于次林层及林下幼树的生长发育，下木层及活地被物层发育更加良好，林内生物多样性处于高峰。从生长发育上看，在林木高生长逐渐停滞的过程中，直径生长在相当时期内还维持着较大的生长量，因而材积年生长量和生物量增长均趋于高峰，并维持一段时期后才逐渐下降。

林木大量结实且种子质量最好，为自身的更新创造条件。在这个阶段，林分与周围环境处于充分协调的高峰期，其环境功能无论是水源涵蓄、水土保持，还是吸收和储存二氧化碳（CO_2）、改善周边小气候环境都处于高效期。由于林分的成熟是一个逐渐发展的过程，成熟阶段延续相当一个时期，其前半段称为近熟林阶段，后半段为真正的成熟林阶段，共经过两个龄级，因地区和树种而异，一般为10~40年。成熟林阶段对于用材林来说十分重要，此时林分的平均材积生长量（生物量增长量）达到高峰，且达到了大部分材种要求的大小，可以开始采伐利用。成熟林阶段对于其他林种来说也是发挥防护和美化作用的高峰期，要充分利用这个阶段的优势，并设法适当延长其高效发挥作用的时间。这个阶段也是要充分考虑下一代更新的重要时期。

（六）过熟林（衰老）阶段

林分经过了生长高峰的成熟阶段，进入逐步衰老的过熟林阶段。过熟林阶段的林分主要特征是林木生长趋缓且健康程度降低，病虫、气象（风、雪、雾凇、冰冻等）灾害的作用增强。林冠因立木腐朽（从心腐开始）、风倒等原因而进一步稀疏，次林层和幼树层上升，林木仍大量结实，但种子质量下降。林分的过熟阶段可能维持时间不长，因采伐利用、自然灾害或林层演替而终结，也可能维持很长时间。在这个阶段中，木材生产率和利用率降低，但木材质量可能很好（均为大径级材），森林的环境功能也可能维持在较好的状态，特别是林内生物多样性仍很丰富，因此，对于过熟林的利用，就可能因培育目的而有所不同。对于自然保护区及防护林中的过熟林，要尽量保持林木健康而延长过熟林的存在；对于用材林，则要加快开发利用以减少衰亡造成的损失。在任何情况下都要关心林分的合理和充分的更新。

以上所述的林木群体生长发育阶段只是多数森林类型的普遍规律。实际上，各地区、各树种、各种起源的森林都有其本身的特殊规律。例如，暗针叶林（如云杉、冷杉、铁杉等）以异龄林为主，同一林分中同时存在处于不同生长发育阶段的林木，呈分散状或群团状分布，这样的林分当然有其自身的规律。又如一些速生树种的人工林，生长迅速且密度预先得到调控，其生长发育的阶段性（幼树阶段很短，可能没有杆材林阶段）和林分形态（林冠的透光及林下植被的发育）又有不同的特点。

三、森林的生产功能及其调控

森林作为一个以绿色木本植物为主体的生态系统，具有巨大的服务功能，即供给或生产功能、调节功能、支持功能和文化功能，其中，供给或生产功能是最基本的功能。生产功能不仅是获取森林物产的源泉，也是其环境功能和社会功能得以发挥的基础。总体上，森林的生产功能是与其环境功能和社会功能并行不悖的。一片生长良好的森林，也能起到良好的防护作用，并能较好地满足社会保健、游憩和提供就业机会等多方面的需求。反之，森林生长不良，生产力低下，质量低劣，森林的其他功能也难以很好地发挥。当然，也存在个别的例外，例如，有时为了更好地保持水土，要求有发育良好的下木层而不是足够密集的立木层；有时为了保护生物多样性和提高观赏价值，要求保留病虫危害的枯立木及倒木，甚至有意识地保留一些病态树。但提高森林的生产功能，使森林长得好、产得多，从而更好地发挥多方面的综合效益，始终是森林培育学的主要任务。

（一）森林的生物产量

森林的生物产量对其环境功能有重要意义，但在经营上不可能全部被收获利用。森林的生物产量中有多少可被收获利用取决于经营的目的。经济林可能只利用生物产量中的果实部分（如油茶、板栗等），有些可能只利用部分叶子（如茶、桑），有些则叶、果兼用（如银杏）；而用材林主要利用树干木材，有的还可以进一步利用枝桠材（如纸浆林、能源林），材果兼用林可以兼用干材和果实（如红松、核桃）。人们曾经设想全林利用，甚至利用根，但理论和实践证明，森林生态系统需要有相当部分有机物参加物质循环，以保持其可持续状态。因此，经济产量或收获量只能是生物产量的一部分，这部分的大小取决于林分的结构状态。用材林的干材蓄积量与生物产量之间存在一个转换经济系数，一般在0.3～0.7，温带林及成熟林的系数较高，而热带雨林及中幼龄林的系数较低。

对于一般的用材林，干材蓄积量不可能全部收获利用。在造材过程中通常把伐桩、梢头和枝丫都留在林地上。在工厂中加工成材时边角料作为能源利用，真正作为成材利用的也只是干材的一部分。出材率的大小取决于干材的质量（通直度、饱满度、缺陷等），用材的规格及一系列工艺因素。

（二）维持和提高森林生产力的途径

提高森林生产力是一项长期艰巨的任务。一些林业较发达的国家用了上百年的时间才把在资本主义发展初期破坏的森林恢复到较为先进的水平。我国的森林破坏历史更长，程度更深，要恢复自然不易。

提高森林生产力首先要选择适当的育林方式。选择培育天然林或人工林及其过渡类型的方式要依据林地的具体条件（原有植被状况、有无天然更新可能、立地限制、特定的培育目标等）而定。但无论是天然林还是人工林，都有提高生产力的潜力，有三条共同的途径，即遗传改良、结构调控和立地调控。

第一，遗传改良。森林培育要求有更高的适应性、稳定性和多样性，因此与一定自然条件长期适应的天然林木种群是最好的良种来源。在采用不同层次的良种选育（母树林、种子园、采穗圃、杂交育种、转基因技术应用等）时，并不追求全部森林的栽培化。虽然不同层次的良种应用可能带来不同程度的遗传增益，在提高森林生产力方面能发挥重要作用，但是它们往往只能用于局部范围，如速生丰产林和经济林的营造等。在天然林培育中采用“伐劣留优”的抚育措施实际上也在调整改善林木的遗传结构，在不破坏遗传多样性的前提下提高林分的产量和质量。

第二，结构调控。森林的树种组成、空间结构（密度、配置、层次）和年龄结构（同龄或异龄、世代轮替），对森林调控利用环境条件，协调林木个体和群体的生长发育起着重要作用。林分结构调控与农作物群体结构调控有相似性，但林分的体量高大、培育期长、立地差异大、培育目标多样，在调控方法与手段上有很大的特殊性，更多着重于种间关系的调节，对自然分化及人工选择（间伐）的依赖，对多层次培育的追求，以及使林分结构与立地相适应的基本要求等。保护生物多样性始终是调控林分结构的重要原则。

第三，立地调控。培育森林首先要选择适于森林生长的立地，不同的立地适于培育不同的树种。培育高生产力的森林，要有较严格的立地选择。有些立地有一定的缺陷，例如，土壤过于紧实、缺乏某种养分、土壤水分季节性不足或过多，这可以通过一定措施（整地、垦复、施肥、灌溉或排水）加以适度改变，从而促进森林生产力的提高。但这些立地改良措施有一定的技术和经济局限性，在森林培育中要更加注重顺应自然，不提倡不顾代价与自然立地相对抗的做法。

随着森林培育进程的发展，林业生产出现了如何维持森林生产力的问题，也就是森林的长期生产力问题，这些问题在一些国家进入培育第二代或第三代人工林阶段后就凸显出来。我国在 20 世纪 90 年代后，特别是在杉木速生丰产林培育地区，出现了同样的问题，即人工林经过 1～2 次轮伐期后，林地生产力出现了递减现象。大多数研究认为，培育人工速生（轮伐期短于 20～30 年）针叶纯林 1～2代后，林地生产力出现了显著下降（1～2 个立地指数级）；也有研究发现，如果方法得当，加上新的遗传改良措施，也可能不出现生产力世代递减现象。造林前炼山整地、全垦引起的造林初期水土流失，林地过于郁闭，下木及活地被层发育不良，林下枯枝落叶层分解较慢等是生产力递减的主要作用因素。

第三节　森林苗圃与育林规划设计

一、苗圃规划设计

（一）苗圃规划设计概述

1. 苗圃建设目标的定位

在进行苗圃规划设计之前，首先必须明确苗圃的主要经营服务对象，包括育苗树种、出圃苗木的等级及其可能的应用地区和造林立地条件等。

（1）苗圃经营服务对象的确定。苗圃按其培育苗木种类和服务对象可以分为农业苗圃、林业苗圃、园林苗圃、教学实习苗圃、实验苗圃及综合性苗圃，其中，林业苗圃一般还可以分为用材林苗圃、防护林苗圃、果树苗圃、特用树种苗圃等。由于农业生产本身的精耕细作特点，有时农业苗圃和农业用地并没有严格的界限。以农业苗圃作为独立的建设项目进而开展规划设计的很少。一般苗圃规划设计多针对农业以外的其他类型的苗圃。

在规划建立苗圃之前，建设单位对苗圃的经营对象和产业发展方向有初步的考虑，在经过项目可行性论证之后应更为明确。建设单位需要在签订设计合同和下达的任务书中明示苗圃的建设性质。

（2）苗圃建设标准的定位。苗圃建设标准一般指苗圃生产设施、育苗经营技术等级与经营管理的效率，主要决定于苗圃的机械化水平、生产专业化程度、苗圃设施设备的先进性与适用性、苗圃生产经营的组织管理效率、苗木产品质量与生产成本、苗圃产品的市场与技术开发能力、苗圃在区域内的影响或技术示范性等。

2. 苗圃建设规模的确定

苗圃的建设规模主要体现在苗圃面积与投资额度上。

（1）苗圃面积的确定。从林业建设的实际需求角度，苗圃面积的确定主要依据以下因素。

第一，本地区林业建设的发展规划。苗圃的面积决定于苗圃的生产任务，而苗圃生产任务与本地区林业及城镇绿化的任务是密切相关的。区域内植苗造林、植苗更新的年度规模、造林树种组成及年际间可能的变化等都会对苗木需求造成较大影响。一般造林更新任务重、林业发展规划用地面积大的地区，规划苗圃面积也大。但是对于年际造林任务与人工更新任务变化大的地区，在规划建设苗圃时，面积规模既不宜取个别年份需苗量的极端上限，也不宜取平均值，而应将历史各年最大需苗量的70%~80%，或本地区林业规划年度最大需苗量的90%作为确定依据。

第二，本地区苗圃分布密度和供苗半径。一般苗圃间平均距离越小，苗圃分布密度越大，供苗半径小，供苗面积也小，则此苗圃面积就小，反之亦然。

第三，苗圃土地有效利用率。苗圃土地有效利用率即育苗生产用地占苗圃总面积的比例，决定了苗圃育苗生产的土地潜力。有效利用率越低，苗圃面积应越大。

第四，苗圃设计的育苗技术措施与机械化程度。如果期望苗圃主要育苗工序实现机械化，且计划装备大型设备，则苗圃面积宜大；反之，如果育苗作业主要靠人工，则苗圃面积宜小。

第五，苗圃所在地区的自然与社会经济条件。苗圃所在地区的自然条件因素（如地形地势、水源等）和社会经济因素（如劳动力资源、交通条件等）也会限制苗圃规模。

（2）苗圃投资规模的确定。反映苗圃建设规模的另一个常用指标是投资规模。苗圃投资受苗圃面积、苗圃的现代化或机械化程度、苗圃建设单位或投资部门的经济实力、苗圃建设决策依据等因素的影响。一般设计单位应根据实际建设内容，科学地测算苗圃建设投资。

3. 苗圃规划设计程序

苗圃建设作为林业建设项目，对设计单位和规划设计前后的程序具有严格要求。大型苗圃设计单位应具有林业规划设计甲级资质。

苗圃规划设计之前，建设单位应向上级主管部门提交项目建议书，在得到上级部门批复同意后，进入规划设计程序。一般需依次进行可行性研究报告编制、设计单位招投标、签订合同与下达任务书、初步设计、初步设计审定、施工图设计等。

在具体承接苗圃规划设计任务时，需要与建设单位协商所要完成的内容，一般需要开展初步设计，有时也包括施工图设计。在签订设计合同时，建设单位应附有明确的设计任务书。

（二）苗圃规划设计的准备

1. 圃址勘察与地形测量

针对建设单位下达的委托设计任务书，设计规划单位应组织项目设计的技术骨干进行实地勘察。在勘察过程中，依据已收集的图面资料，在当地熟悉规划苗圃地现状的有关人员陪同下，查看区域边界，熟悉规划占地范围内的房屋、灌排水渠、水井、水塘、道路、裸石、电桩、树木和林地等现有固定设施和建筑物，通过文字和照片记录其现状。同时核实苗圃地选址的地形地势和坡向等是否符合建设苗圃的要求。在勘察过程中，如果发现苗圃选址不符合要求，应及时提出，请求协商重选苗圃建设地点。

勘察圃址后，应立即组织技术力量进行地形测量。测量应包括圃址范围内及其外部相关的道路等地段。施测时应将固定设施和建筑物等明显标志物标入地形图。土壤、土地利用类型、土丘的土方量，以及病虫害分布区域等宜分别绘制现状地形图。地形图测量比例尺为 1：500~1：2000。绘制出的比例尺地形图（或平面图）作为区划和最后成图的底图。如果苗圃建设区已有近期测量的此种图面材料，宜尽量利用。

2. 自然条件调查

苗圃自然条件调查主要包括以下内容。

（1）圃地土壤调查。土壤调查采用土壤剖面调查，应在苗圃地内有代表性的地方设多个调查点，一般可按 1~5 hm^2设置一个剖面，但不得少于 3 个。依据土壤剖面确定土壤类型，记载土壤的表面特征；采集土样，进行室内土壤理化性质分析。土壤理化分析结果是开展苗圃作业区区划和设计苗圃土壤改良措施的重要依据。

（2）气象资料的调查与收集。苗圃所在地气象资料一般应从当地气象部门收集，收集范围包括历史上该地区的极端气象因子、最近 5 年的全部气象资料、当年或上年各月气象资料等。具体指标包括气温、降水、风害及霜雪等。

（3）水文状况调查。水源是苗圃不可或缺的环境因子，苗圃规划建设必须调查水质含盐量、地下水位等因子。苗圃灌溉水源不仅要求水源充足，而且水中含盐量不得超过 0. 15%。地下水位应在适宜的深度，一般砂土地区在 1~1. 5 m 以下，砂壤土地区在 2. 5 m 以下，黏壤土在 4 m 以下。

（4）病虫害调查。包括当地的森林病虫害发生情况、苗圃地及周边林木病虫害状况。调查指标包括病虫害的种类、数量、危害程度、发病史等。

（5）植被状况调查。采用样方调查法对苗木生产可能形成杂草危害的植物进行普查。

3. 社会经济调查

社会经济状况对苗圃今后的经营与发展有重要影响，是苗圃规划设计必须认真考虑的内容之一，其调查内容包括苗圃地所在的位置、四邻单位和乡村经济状况、社会发展情况、交通条件、电力供应、水资源状况及劳动力供应等。对苗圃周边地区的苗木生产能力和生产水平也要进行调查，以掌握苗木的市场行情和相应的生产能力。

4. **其他相关材料收集**

苗圃生产中需要许多专业生产设备，尤其是现代化的大型苗圃。在进行苗圃规划设计过程中，要注意收集苗圃专业设备信息或苗圃所需机械设备的情况，包括种类、型号、厂家、价格等。有的苗圃由于一次性投入有限，不可能购置所有设备，要调查在当地租用的可能性。

收集当地有关基建、用工等建设和生产费用的定额及市场价格变化情况材料。

（三）苗圃规划设计的内容

1. **苗圃总平面规划**

苗圃总平面规划应根据自然地形、生产工艺、功能区划及与外部衔接等要求，因地制宜地做好苗圃面积的计算和土地利用区划，这是做好生产、减少消耗、美化圃容、提高土地利用率的重要环节之一。

（1）苗圃面积的计算。在土地资源紧张的情况下，根据育苗生产任务，合理地安排育苗用地，做好土地利用规划，杜绝可耕地资源的浪费。苗圃地的总面积包括生产用地面积和辅助用地面积。

（2）苗圃区划。为了充分利用土地，便于生产和管理，必须对苗圃地进行全面区划。区划时以外业测量的1∶500~1∶2000比例尺地形图为底图，根据各类苗木的育苗特点、树种特性和苗圃地的自然条件进行合理规划，可规划为生产用地区和非生产用地区。

2. **苗圃基本建设工程设计**

一个标准化的苗圃应有多个相对独立而又互相联系的工程项目。这些工程包括生产作业区改造与土壤改良、给水、排水、道路、防护林、供电、通信、库房、机具检修、积肥场、气象站、温室、办公与生活设施建筑等。

（1）土壤改良工程。为了有效利用土地，应对含水量过多和土地瘠薄或连续育苗地力衰退的圃地进行土壤改良。土壤改良工程设计包括：确定土壤改良类型；确定土壤改良的方式和改良的措施；确定土壤改良的工艺、机械化作业比重和设备选型，计算工程量等。

（2）给水工程。苗圃必须设有给水系统，以保证苗木生产的灌溉和生活用水需要。给水系统应充分利用当地水源，合理确定工程项目及其规模和构筑物类型。

给水工程设计主要包括水源工程、引水工程、灌溉系统工程。

水源工程是确保苗圃持续供水的基石，通常需要考虑周边环境的水资源分布、水质情况以及水量的稳定性。设计时要合理选取水源地，可能涉及地下水开采、河流或水库引水等多种方式，并进行严格的水质检测和水量评估。

引水工程则是将水源地的水安全、高效地引入苗圃的重要环节。在设计中，要充分考虑地形、地貌以及土壤特性，合理规划引水线路，确保水流顺畅，减少水资源的浪费。同时，引水工程还需考虑水流的稳定性和安全性，采取必要的防护措施，防止水流受到污染或流失。这两个工程相互衔接，共同构成了苗圃给水工程的基础，为苗圃的灌溉提供了可靠的水源保障。

为了提高灌溉水温和满足蓄水灌溉的需要，可根据实际需要设计蓄水池或水塔，其类型和规模应根据储水量确定。

当采用漫流灌溉时，主渠（管）道、支渠（管）道宜为永久性结构；作业区四周为临时性灌溉渠道。各种渠道设置应根据育苗生产的用水量、流速、地质等因素，确定渠道的宽度和深度，主、支渠道结构类型的选择要遵循就地取材、简单有效的原则，一般可采用片（卵）石铺砌。

当采用喷灌时，设计应根据灌区地形、土壤、气候、水文与水文地质，以及经济条件，通过技术经济比较确定，遵循因地制宜的原则，做到充分利用现有水利设施，切合实际选择技术先进、经济合理、安全适用的设备。具体喷灌系统设计应进行灌溉技术参数论证、水源分析、管道水力计算、设备选择及其工程施工设计。

（3）排水工程。为防止苗圃外水入侵和排泄圃内积水，应根据苗圃地形、地势、暴雨径流和地质条件设计排水工程。排水工程包括为防止外水入侵而设置的截水沟和圃内排水沟网组成的排水系统。

排水工程设计要求：主排水沟的出口段直接通入河、湖、公共排水系统或低洼安全地带。主排水沟的截面根据排水量决定，但底宽和深度不宜小于0.5 m。

支排水沟底宽0.3~0.5 m，深0.3~0.6 m。排水沟宜采用片（卵）石铺砌的永久性结构，边坡比例可采用1：1。圃外截水沟的截面应根据排水量决定，但底宽与深度不宜小于0.5 m。

（4）道路工程。苗圃道路按使用性质分为主道、辅道和支道三种。① 苗圃主干道的设计要求：大型、特大型苗圃可按林区公路二级标准；中、小型苗圃可按林区公路三级标准。② 辅道的设计要求：路基宽度按3.5 m，其他技术指标按林区公路四级标准；环圃道按辅道标准。③ 支道的设计要求：作业区内的机耕道路和人行道路，路基宽度宜按2 m进行设计。

（5）供电通信工程。苗圃供电工程应根据电源条件、用电负荷和供电方式，遵循充分利用地方电源、节约能源、经济合理的原则进行设计，在没有电源的地方可设小型发电机组供电。

苗圃用电负荷较小，当变压器容量在180 kV·A以下，且环境允许时，可架设杆上变压器台；用电负荷较大的苗圃可采用独立变电所。变电所或变压器台的周围应设置安全防护设施。

（6）苗圃防护林工程。苗圃防护林工程应根据苗圃风沙危害程度进行设计。防护林带应遵循合理利用土地、因害设防、防护效益好、美化圃容圃貌的原则进行设计。

一般小型苗圃防护林带应与主风方向垂直；中型苗圃四周应设置防护林带；大型、特大型苗圃除周围设置环圃防护林带外，圃内应结合道路、渠道设置若干辅助林带。林带宽度应根据气候条件、土壤结构和防护树种的防护性能决定，一般主林带宽度为8~10 m，辅助林带宽度为2~4 m。

林带宜选择生长迅速、防护性能好的树种，其结构以乔木、灌木混交的半透风式为宜；要避免选用病虫害严重，与苗圃所育苗木互为中间寄主的树种。为了保护圃地免受兽、禽危害，林带下层可设计种植带刺且萌芽力强的小灌木和绿篱。

（7）配套生产设施。苗圃应根据育苗任务、生产经营管理水平和实际需要，遵循“有利生产、经济、有效”的原则，配备生产机械设备、交通运输设备和手工操作工器具等。

苗圃生产机械设备包括轮式、履式拖拉机及其配套的各式犁、铧犁、各式耙、镇压机、旋耕机、作垄机、播种机、喷洒机、推土机、切根机、起苗机和容器装播机等；苗圃交通运输设备包括汽车、手扶拖拉机、胶轮车、粪车、板车等交通运输车辆设备；苗圃手工生产工具包括犁、耙、镐、锄等工器具。

苗圃应根据规划生产机械设备，设计配套建筑物，包括储藏物资、农药、肥料、种子、粮食、油料、工具等生产资料和物资的仓库；停放各种车辆的车库；苗木窖、积肥场（化粪池）；晒场、围墙、牧畜廊舍、机具修理间、消防及气象站等。

苗圃温室等育苗设施应根据生产任务和科研项目安排的需要，合理地确定建设规模，进行选型和工程设计。

（8）苗圃管理与生活设施。应从有利于生产、便于经营管理、方便生活角度出发，统一合理地安排苗圃行政管理与生活设施建筑工程。

在城镇附近的苗圃，管理与生活建筑用地应按国家或地方规定的标准执行；在林区内可参照《林业局（场）民用建筑等级标准》中林场标准的有关规定执行。同时，在设计时应考虑苗圃生产用工季节性临时工多的特点。

苗圃各项工程设计应根据苗木生产的规模和技术要求，合理安排工程项目。

3. **苗木培育工艺与技术设计**

苗圃育苗是由一系列连续的生产作业组成的工艺系统，其中任何一个生产环节措施不当，都会对苗木的最终产量和质量造成影响。同时，每一个树种独特的区域性特征也决定了该树种育苗存在地域性。因此，育苗技术及工艺的设计，必须根据培育树种的生理生态特性，结合苗圃地的自然条件，最大限度地克服不利于苗木生长发育的条件，充分利用有利于苗木生长的资源，在最短的时间，以最低的成本培育出优质、高产的苗木。

大多数苗圃培育的树种很多，而且每年都在变化。在苗圃建设阶段，一般很难对每个树种进行详细的育苗工艺与技术设计，因此，一般都按苗木类型分别进行育苗工艺设计。要求按照技术上先进、经济上合理的原则设计出各种类型苗木所需的主要生产工艺与技术。例如，播种苗培育，要求阐明土地管理技术、施肥技术、种子处理技术、播种技术和苗期管理技术等；容器苗要设计有关容器类型，培养基配比与装填、播种、环境控制、苗木包装与运输等技术工艺。

除上述各项内容外，在苗圃的不同设计阶段，根据委托设计单位的要求，苗圃规划设计可能还包括苗圃建设的投资概算、苗木成本估算、效益评估、建设工期、年度建设计划及资金安排、机构设置与苗圃建成后的经营管理模式等。

4. 苗圃规划设计成果

苗圃规划设计成果一般由设计说明书、设计图等内容组成。

（1）说明书的编写。说明书是苗圃规划设计的文字材料，它和设计图是苗圃设计不可缺少的组成部分。图纸上表达不出的内容，都必须在说明书中加以阐述，说明书一般分为总论和设计两部分。总论主要叙述苗圃建设单位、法人代表、该地区的经营条件和自然条件等苗圃现状；提出苗圃规划设计的指导思想、设计依据与原则、苗圃建设的主要经济技术参数等。

苗圃施工设计，还需要对苗圃的重点土木工程，如温室工程、道路工程、给排水工程、场区建筑工程、主要树种的育苗工艺等单独进行设计并编制说明书。说明书主要对各单项建设项目的设计依据、设计思路、具体内容、技术参数与经济技术指标、投资概算等进行具体的解释和说明。

（2）设计图绘制。苗圃设计图是苗圃设计最重要的成果，由大量具体设计内容组成，一般包括地形分析图、土地利用现状平面图、土壤分布现状图、水文状况图、灾害影响分析图、植被图、地质状况图、总体设计方案图、道路设计图、灌排水系统设计图、苗圃建筑设计图及苗圃景观设计图等组成。

所有设计图纸均要注明图头、图例、比例尺、指北方向、标题栏及简要的图纸设计内容说明。

二、育林与造林规划设计

（一）育林规划设计概述

1. 育林规划设计的基本内容和任务

育林规划设计的基本内容可分为外业调查和内业规划设计两部分。其主要任务包括查清森林、林地和林木资源的种类、数量、质量与分布，客观反映调查区域自然、社会经济条件，综合分析与评价森林资源与经营管理现状，进行造林和森林经营规划设计，具体任务有：核对森林经营单位的境界线，并在经营管理范围内进行或调整（复查）经营区划；调查各类林业用地的面积；调查各类森林、林木蓄积；调查经营区立地和土地利用状况；调查森林经营条件、前期主要经营措施与经营成效；制订育林作业设计方案。

2. **育林规划设计的工作程序**

育林规划设计必须经过准备工作、外业调查和内业工作三个阶段才能完成。

（1）准备工作。工作内容包括明确调查目的和任务，制定实施细则，主要包括调查的技术标准、规范调查内容、调查方法、工作程序和成果要求等。同时要制订工作方案，围绕具体的调查任务，重点从调查组织、基础资料收集、物质准备、经费落实等方面，确保调查工作的可操作性。

（2）外业调查。主要工作环节有：小班调查方法的选择（样地实测、目测、航片估测和遥感图像判读等）、预备调查和正式调查。以遥感图像判读法为例，预备调查需在调查区域内选择3~5条能覆盖区域内所有地类和树种（组）、有代表性的勘察线路，通过线路勘察完成实地调查，并拍摄地面实况照片，建立遥感影像特征与实地情况相对应的判读样片，为建立判读标志和正式判读区划做好准备。

（3）内业工作。外业调查结束后，需要在室内根据统计分析的要求，做好调查数据的检查、数据库建立、数据分析与制图、编制规划（作业）设计文件等内业工作。

（二）造林规划设计

造林规划设计是造林的基础工作，即根据造林地区林业资源状况，在对宜林荒山、荒地及其他绿化用地进行调查的基础上，编制科学实用的一整套造林规划和造林技术设计方案。造林规划设计按其细致程度和控制程序，又可分为三个逐级控制而又相对独立的类别：造林规划、造林调查设计和造林施工设计。其中，造林调查设计是核心。造林规划实质上是一种简化的造林调查设计，其主要标志是造林技术措施不落实到山头地块。造林施工设计是造林调查设计在执行中的具体化方案。以下主要介绍造林调查设计工作的主要内容。

1. **造林区划与调查**

（1）造林地区划。造林地指通过土地利用区划和规划确定为造林使用的土地，包括荒山荒地，采伐、火烧迹地、沙荒和规划用于造林的土地。造林地区划应在正式外业调查前进行，由设计单位与造林部门共同研究区划原则、标准等，并在地形图上将分区界线划定。

造林规划设计的对象主要是宜林地，对有林地、疏林、灌木林和未成林造林地也要提出经营措施。

（2）小班区划。小班是调查规划的基本单位，不仅要以小班为单位调查，计算统计面积，按小班规划设计，还将按小班造林，造林后按小班建立经营档案和实施经营管理。所以，划分小班是最重要、最基础的作业。

（3）专题调查。为了提高造林规划设计的质量，使规划设计科学实用，在外业调查中应结合当地林业生产的特点，进行有关专题调查。例如，调查不同立地上树种的生长状况、“四旁”树生长状况、经济林栽培技术及产量、育苗、造林技术经验总结、林木病虫危害及其防治、林业生产责任制等。

2. **造林技术设计**

（1）整地设计。整地设计要根据林种、树种不同，视造林地立地条件差异程度，因地制宜地设计整地方式、整地规格等。除南方山地和北方少数农林间作造林用全面整地外，多为局部整地。在水土流失地区，还要结合水土保持工程进行整地。在干旱地区，一般应在造林前1年雨季初期整地。通过整地保持水土，为幼树蓄水保墒，提高造林成活率。

整地规格应根据苗木规格、造林方法、地形条件、植被和土壤等状况，结合水土流失情况等综合决定，以满足造林需要而又不浪费劳力为原则。

整地时间安排可以随整随造，也可以提前整地。在土壤深厚肥沃、杂草不多的熟耕地和风沙地区可以随整随造。其他地区应该提前整地，一般是提前1~2个季节，最多不超过1年。提前过久，整地后久置不造林，经过改善的立地条件又会变坏，杂草重新大量滋生，失去了提前整地的意义。

（2）造林方法设计。造林方法设计是十分重要的设计内容，一般应根据确定的林种和设计的造林树种，结合当地自然经济条件而定。目前，我国已大体取得了各主要造林树种造林的经验。例如，一般针叶树以植苗造林为主，一些小粒种子的针叶树种，如油松、侧柏等，以飞播或直播造林为主。在设计中可充分应用已有的，特别是当地的成功经验，切不可千篇一律。

在设计中，对北方干旱山地、黄土丘陵区、沙荒、盐碱地及平原区造林，要根据适用造林树种区别对待。此外，有条件的地方可设计机械造林或飞机播种造林。

（3）造林密度设计。造林密度应依据林种、树种和当地自然经济条件合理设计。一般防护林密度应大于用材林，速生树种密度应小于慢生树种，干旱地区密度可较小。密度过大会造成林木个体养分、水分不足而降低生长速度；密度过小会造成土地浪费，延迟人工林的郁闭时间。

（4）造林树种设计。一般提倡营造混交林，即采用2个或2个以上的树种进行混交。较小的林班可以设计成纯林，较大的林班可设计成混交林。设计混交林时要结合林分的培育目的、经营条件、立地条件、树种的生物学特性和经营目的等因素综合考虑。设计混交林还应该考虑采用适宜的混交方法。株间混交、行间混交、带状混交和块状混交等混交方法的确定要充分考虑主要树种和混交树种的种间关系，保证树种间没有较大的矛盾。

（5）造林季节的确定。根据树种的生物学特性、当地的气候条件和“因地制宜”的原则综合考虑造林季节，主要在春秋两季造林，部分地区在雨季或冬季。

（6）幼林管理设计。幼林抚育管理设计主要包括幼林抚育、造林灌溉、防止鸟兽危害、补植补种等，主要是幼林抚育。在设计时可根据造林地区实际情况有所侧重，如灌溉，无条件可不设计。

（7）造林典型设计。造林技术设计通常有以造林地块（小班）为单位进行的造林技术设计和分别在不同立地类型进行的造林技术设计两种方式。即把地块不相连接、立地条件基本相同、经营目的一致的小班作为一个类型，以类型为单位进行造林技术设计。这种设计对某一类型来说，体现了因地制宜原则，对设计本身来说，能起到典型作用，所以俗称造林典型设计。前一种方式适用于局部小面积宜林地的造林设计。由于面积不大，小班数量不多，一般可在造林地小班调查的基础上，按小班进行造林技术设计；造林典型设计则多用于造林地面积较大、小班数量较多的造林。

造林典型设计的意义在于，某个立地类型的造林典型设计适用于这个立地类型中经营目的一致的所有小班，因而不必逐个进行小班造林设计，可以大大减少内业设计工作量。造林典型设计具有条理化、标准化、直观明了、易推行的特点，因此在我国各地广为应用。

（8）种苗规划设计。必须做好种苗规划，按计划为造林提供足够的良种壮苗，才能保证造林任务顺利完成。造林所需种苗规格、数量，应根据造林年任务量和所要求的质量进行规划和安排。

第一，种苗规划的内容。包括：年育苗面积，其中含各主要造林树种育苗面积；苗圃规划；产苗量及苗木质量标准；年造林和育苗需种量，其中含各树种需种量；种子来源及种子质量；母树林和种子园规划等。

在造林规划设计中只进行种苗规划，不进行单项设计。通过种苗规划，为育苗、种子经营及母树林建设等进行单项设计提供依据。因此，在造林规划设计后，应对种苗生产量做出具体安排。如需要，可进行单项设计。

第二，种苗需要量的计算。种苗规划前，必须根据造林规划设计掌握种苗规格质量、分树种造林面积和单位面积所需种苗量。同时，了解当地种子质量，如纯度、千粒重、发芽率等。① 计算年需苗量。根据年植苗造林面积、单位需苗量（初植用苗加补植用苗）计算。应计算年总需苗量和各树种年需苗量。② 计算年需种量。需种量包括直播造林、飞播造林和育苗所需种量。按规划的年直播造林、飞播造林面积及单位面积需种量计算造林年需种量，按年育苗面积及单位面积用种量计算育苗用种量。同时，应计算各种主要造林树种年需种量和总的年需种量。

3. 造林投资概算

投资概算是指在设计说明书（项目计划书）里对造林项目预算的说明。投资概算作为向国家或地方报批项目文件的主要内容之一，是控制建设项目投资的依据。投资概算必须依据概算定额或概算指标进行编制，编制内容包括工程建设的全部内容，总概算要考虑从筹建开始到竣工验收交付使用前所需的一切费用。

4. 造林调查设计文件编制

造林调查设计成果主要反映在造林调查设计说明书、专题图（土地利用现状图、立地类型图和造林规划设计图）、各种统计表，以及有关专项调查研究报告等方面。

（1）编写造林调查设计说明书。造林调查设计说明书是造林规划设计的主要成果之一，是合理安排生产、指导施工等方面的综合性文件，要求论据充分、文字简练、通俗易懂。

造林规划设计说明书主要包括以下内容。

第一，前言。简述造林规划设计产生的背景、完成的过程，设计工作所依据的规程、标准、文件和要求等，规划设计人员组织、工作方法及存在的问题。

第二，基本情况。简述造林规划设计地区的地理位置（范围、面积），自然条件（地形、地势、海拔、主要山脉、河流、水文、气象、地质、土壤、植被分布等特点），社会经济情况（人口、劳动力、耕地面积、粮食产量、群众生活、交通、通信、林业生产历史及现状）等。

第三，区划。简述造林规划设计地区的区划原则、方法和结果。

第四，立地类型划分。阐明划分立地类型的依据及所划分的立地类型。要求用表格和文字的形式加以详细说明。

第五，造林技术设计。从技术层面论证造林技术的科学性、合理性。造林技术设计主要从造林整地、造林密度、造林树种组成、混交比例、造林季节、造林方法、幼林抚育管理、幼林保护等方面进行阐述，可以用文字、图表、表格等方式表达。一般以立地类型为单位，采用造林典型设计进行技术设计。

第六，造林总工作量及年度施工任务量安排。阐明该造林区的总造林面积和任务分解。阐明各宜林地要落实的造林面积，各树种的造林面积，各立地类型的造林面积，以及各林班、各小班或者各乡、镇、自然村的造林面积。另外，要说明造林预计在几年内完成，并说明起止年月。造林任务不能在1年内完成的，应说明计划造林的年份和每年的造林面积。

第七，种苗需要量及年度育苗量。说明完成该项造林任务共需要的苗木种类、数量和规格，并详细说明每个造林年份或每个林班、小班需要的苗木种类、数量和规格。如果通过市场采购无法保证造林需要，则要说明具体的育苗计划，阐明提前育苗的时间和每年的育苗面积、育苗树种或种类、育苗计划数量及规格。

第八，按生产环节说明用工量和总用工量。阐明各年度育苗、整地、造林和幼林抚育四个环节的用工量。

第九，投资概算。阐明完成该项造林任务的总投资。详细说明各年度用于育苗、整地、造林和幼林抚育四个环节的投资额。

第十，预期效果分析。客观说明造林项目带来的综合效益，最好用数字估量经济效益和生态效益，宏观分析其社会效益。

（2）编制各种表格。造林规划设计成果中的表格根据调查规划的广度和深度，可以有所变化。在造林规划地区进行全面区划、森林资源方面的调查结果，应按有关要求制表、填写并统计；假如在造林规划设计地区内只进行宜林地的区划、调查，则可按当地有关部门要求的表格形式和内容进行统计。

（3）绘制专题图。土地利用现状图、造林地区立地类型图、造林规划设计图等，是造林规划设计成果的图件记载和规划设计文件的重要组成部分。这些图件，对宏观了解造林地区的林业自然资源，科学实施造林工程有重要的作用。

第四节　整地造林与幼林抚育技术

一、整地造林

（一）整地造林的概念和特点

整地造林是指造林前，清除造林地上的植被、采伐剩余物或火烧剩余物，并以翻垦土壤为主要内容的生产技术措施。整地造林对人工林的生长发育具有重要作用，是人工林栽培过程中的主要技术措施之一。

整地造林和农业整地、苗圃整地的性质基本相似，都是通过翻土和松土来改善土壤的理化性质，使之有利于栽培作物的生长。但由于栽培对象不同，整地造林具有与农业整地不同的特点。

第一，造林地一般面积大，地域广，地形、植被状况多变，整地花费劳力和财力较大，受当地的经济和社会条件限制较大。

第二，造林地一般地形比较复杂，整地容易引起水土流失。因此一般在造林前（特别是坡度较大的立地），只要能满足整地的目的要求，尽量采用局部整地。

只有在地势平坦，全面整地不至于引起水土流失，经济条件又能许可时才进行全面整地。

第三，在特殊条件下，不进行整地工序往往效果比整地效果好，如长白山等东北地区整地容易引起冬季冻拔现象。

中国造林地的种类多、自然条件差异大、造林目的各异、造林树种繁多、林木培养周期长等特点，决定了整地任务的多样性、复杂性和艰巨性，以及对整地效果长期性的要求。

（二）整地造林的作用

1. 改善立地条件

对立地条件的改善主要是通过以下方面实现。

（1）改善林地小气候条件。整地可以通过清除或者保留部分灌木和杂草来调节造林地的受光状况。整地方法和规格不同，调节造林地受光的状况也不同，因此整地面积的大小、割灌的多少等是调节光照条件的重要手段。培育某些喜光树种时需要清除灌木杂草，而培育某些耐阴树种时又需要保留部分灌木和杂草，以创造良好的庇荫环境。

整地还可以改变造林地的局部小地形，调整林地的局部光照条件和土壤温度条件。整地后，由于植被被局部或全部清除，光线可直达地面，反射率减少，空气对流加强，因而近地表层气温、地温升高，相对湿度降低。通过不同程度地清除植被，可以创造出光照和温度条件不同的微域气候，满足不同树种的需要。将坡面（或地面）调整成朝向、相对高度、粗糙度不同的微地形，可使太阳辐射与地面构成不同交角，改变受光量和日照时间，调节地面热量投射与传导的比例。

（2）改善土壤物理性质。整地可以增加土壤的疏松程度，增大疏松层的厚度，降低土壤容重，有利于土壤形成良好的团粒结构，改善土壤水气状况。

整地后土壤容重减小，孔隙度增大，渗透性增强，含水量增加，水分、空气比例协调。例如：质地较黏重的黄土容重一般在 1.35~1.50，在深翻整地 50 cm 时，容重可降至 1.17~1.25，土壤孔隙度由原来的 44%~50%增加到 54%~57%；水湿情况下的刺槐林地，由于土壤通气不良，往往根瘤菌极少，林木生长很差，通过整地可以增强林地的排水能力，改善通气状况。

整地后，土壤变得疏松多孔，渗透性增强，有利于水分迅速下渗到深层，并加以保蓄，而毛细管作用减弱，底层水分补给断绝或供应不畅，又可以减少水分的物理蒸发。因此，造林整地能较好地改善土壤水分状况。土壤的水分状况主要取决于造林地区的气候条件，特别是降水量及其分布，有时也受地下水补给的影响。整地对土壤水分的影响是一种间接作用，主要表现为在干旱条件下通过整地减少土壤水分的损失和在过湿地区排除多余的土壤水分两个方面。整地改善水分条件的作用不是绝对的，例如，在干旱地区不正确的整地方法和时间非但不能更好地蓄水保墒，还会造成水分大量蒸发，使土壤变干。

（3）改善土壤化学性质。土壤养分状况主要决定于土壤中全部养分的贮存量及其形态和有效性。整地本身不能直接增加土壤中的养分，但可通过改变土壤水分、温度和通气性，间接地产生影响。

深翻整地改善土壤水分、温度条件，特别是增加通气性，促进了氨化细菌、纤维素分解细菌、有机磷分解细菌等有益微生物的繁殖和活动，提高了林地土壤酶的活性，从而使土壤有机物质中的有机态氮、磷等转化为有效态养分。

适时整地可以促进土壤熟化，特别是夏季整地后，经过冻融交替、干湿交替（夏季太阳暴晒、秋雨浸润及冬天的冻拔等）可加速土壤的熟化、土壤矿物质的风化及养分的释放，增加土壤中有效态养分的含量。

（4）减少杂草危害。整地是消灭杂草的有力措施。在杂草茂密的造林地上，草根盘结度很高，对林木根系的发展有很大的影响，而且草本植物对土壤养分和水分的消耗十分严重，对幼苗成活和生长都不利。通过整地可以减轻杂草、灌木与幼林的竞争，减少土壤水分、养分的消耗，提高造林成活率。

2. 保持水土

在水土流失严重的地区，治理水土流失的措施有生物措施和工程措施。整地是生物措施（植树种草）的一个环节，因为要使人工林发挥良好的水土保持作用，首先要求造林的苗木能够成活并郁闭成林。造林整地也是坡面治理的简易工程措施，具有一定的积水容积，可以把渗透不及的降水储蓄起来。我国北方地区在生产实践中创造和发展了多种造林整地方法，都以保持水土为中心，如鱼鳞坑、水平沟、反坡梯田、撩壕等，在设计正确、工程质量符合要求的情况下发挥了强大的水土保持功能。

整地保持水土的效果，除与各地的自然条件有关外，还与所采用的方法、整地的质量和季节等因素有关。同时，整地对植被的破坏及对土壤的翻垦是加剧水土流失的条件，在某些情况下，整地方法的不当或整地质量太差，不仅不能防止土壤侵蚀，还会加剧水土流失。因此，整地时必须选择适宜的方法，确保施工质量。

3. 便于造林施工

造林地经过认真清理和细致整地，可以减少造林时的障碍，便于进行栽植、播种、造林密度和种植点配置及抚育管理等造林施工工序实施，也便于采用机械化作业。整地质量对造林质量影响很大，整地质量高，可为提高造林施工质量打下坚实的基础，整地质量差，往往给造林带来困难。例如，造林中存在的窝根问题，其原因不只是不重视栽植技术，而经常是因为整地没有达到规定的要求。

4. 提高造林成活率

整地改善了立地条件，对于多数地区主要是改善了土壤水分条件，因而进行播种造林时，种子能够及时吸收所需的水分，完成发芽准备，迅速生根出苗；而植苗造林时，苗木根系的再生能力恢复很快，新根大量发生，促进植株成活。

整地后土壤疏松层增厚，灌木杂草等天然植被及石块、采伐剩余物被清除，苗木根系生长发育的机械阻力小，因而主根扎得深，侧根分布广，吸收根密集。据陕西省林业科学研究所在蒲城县调查结果显示，反坡梯田的 1 年生刺槐水平根系集中分布达 0.8 m、根幅 1.74 m、根系 30 条，而鱼鳞坑整地相应为 0.3 m、1.03 m 和 19 条。

整地促进林木生长的作用，与造林地原来的立地条件有关。同一整地方式，在不同的立地条件下，效果不同。造林地的立地条件越差，越需要细致整地；反之可适当降低整地标准，甚至可以不整地。如长白山林区，在湿润、肥沃、疏松及植被稀疏的新采伐迹地上进行“保土防冻”人工更新，就是不整地造林的实例。这种方法的优点是可以减轻冻拔危害，降低造林成本。

二、幼林抚育

（一）幼林地抚育管理

土壤是树木生长发育的基础，是供给水分、养分的基质。幼林地抚育管理可以提高土壤有机质含量和肥力，改善土壤理化性质，活跃土壤微生物，有利于林木根系生长、吸收水分和营养物质。幼林地抚育管理主要包括松土除草、林地灌溉、林地排水、施肥、栽植绿肥植物及改良土壤树种、林地凋落物和抚育剩余物管理等。

1. 松土除草

（1）松土除草的意义。松土的作用在于疏松表层土壤以减少水分蒸发，改善土壤的保水性、透水性和通气性，促进土壤微生物的活动，加速有机物的分解。除草的作用主要是清除与幼林竞争水、养、光等资源的各种杂草和灌木，促进林木生长，破坏可能造成危害的病菌、害虫、寄生虫、啮齿动物等的栖息环境，避免竞争植被对林木造成机械损伤，同时降低林内的火灾隐患等。

（2）松土除草的年限、次数和时间。松土除草一般同时进行，也可根据实际情况单独进行。松土除草的持续年限应根据造林树种、立地条件、造林密度和经营强度等具体情况而定。一般从造林后开始，连续进行数年，直到幼林郁闭为止。速生丰产林整个栽培期均须松土除草，但后期不必每年都进行。松土除草的次数，受气候条件、立地条件、树种和林龄及当地的经济状况制约，一般每年1~3次。

（3）松土除草的方式和方法。

第一，松土除草的方式。松土除草的方式应与整地方式相适应，即全面整地的进行全面松土除草，局部整地的进行带状或块状松土除草，也可根据实际情况灵活掌握。

松土除草的深度应根据幼林生长情况和土壤条件确定。其原则是：里浅外深（与树体的距离）；树小浅松，树大深松；砂土浅松，黏土深松；湿土浅松，干土深松。一般松土除草的深度为5~15 cm，必要时可增加到20~30 cm。造林3~4年后深翻25~40 cm，可促进幼林地下和地上部分生长。深翻抚育最好在秋末、冬季雨后天气进行，以便减少树木耗水，蓄水保墒，冻死病虫害等。松土除草常与扩穴（也称扩堰）结合进行，扩穴的规格可根据林木生长的速度和劳力成本等确定。

第二，松土除草的方法。松土除草的方法有：人工松土除草、机械松土除草、生物松土除草、化学除草等。

人工松土除草劳动强度大，成本高，工作效率低，但环保；地势平坦的平原造林多与农作物间作，适于机械化作业，以耕代抚，工作效率高。

机械松土除草效率高，成本低，但是除草不彻底，对杂草控制的有效期较短，而且需要昂贵的设备。

生物松土主要是增加蚯蚓等土壤有益动物，可以起到松土培肥的作用，但大面积实施有一定的难度。生物除草包括应用植食性昆虫、病原菌、动物，以及分泌化感物质的植物来防治杂草。例如，可以采用林下养殖牛、羊、鹅、鹿等草食性动物，在获得养殖收入的同时达到除草的目的，并且可以培肥土壤，经济效益较高，但要调控得当，以避免动物损害苗木。加大造林初植密度，及早郁闭，可以有效防止杂草危害，尤其在亚热带以南，光热水资源丰沛、杂草容易滋生的地区更应该加大造林初植密度。此外，可以采用以草治草的方法，例如，把割除的灌木及杂草堆积于树盘周围或铺撒在林地内，可以很好地抑制杂草生长，同时起到蓄水保墒的作用。

化学除草劳动强度小、成本低、效率高，已在山地造林中得到了广泛的应用。但化学除草剂在土壤中的残效性可达20～30d，有的长达数年，对生态环境有一定的危害；还可能会带来生物灭绝、杂草群落变迁、杂草抗药性增强，且抗药谱扩大等问题。

只杀草而不伤林木的除草剂，称为选择型除草剂；可杀死所有植物的除草剂称为灭生型除草剂。选择型除草剂如果使用剂量过大，或使用对象不当，也会伤害林木；灭生型除草剂如果使用剂量小，也具有一定的选择性。对缺乏生物学选择性的除草剂，可以利用“时差”和“位差”造成非生物学的选择。如百草枯或草甘膦用于造林前，可杀死已萌生或正在生长的杂草，同时在土壤中迅速钝化，可安全造林，这就是时差选择。醚类除草剂在土壤表层下形成1～2 cm深的药层，杂草幼芽穿过这个药层再遇阳光时便死亡，而林木的根系一般分布较深，不会受到药害。在果园内应用均三氮苯类除草剂，是由于果树根深不能吸收药，这就是位差选择。

根据除草剂在植物体内的移动情况，分为内吸型除草剂和触杀型除草剂。内吸型除草剂是指除草剂进入植物体内后，能够随着植物代谢物一起移动，而转移到没有接触药剂的部分，如根、生长顶端等，引起这些部位一系列生物代谢的变化，使杂草死亡。此类药剂一般作用缓慢，需 1 周或更长时间。

化学除草剂的使用方法分为茎叶处理法、土壤处理法和树干处理法三种。把除草剂溶液直接喷洒在生长的杂草茎叶的方法称为茎叶喷雾法。茎叶喷雾法一般在温度高和天晴时进行，否则会降低杀草效果。新西兰在辐射松幼林阶段以降低除草剂浓度的方法喷洒杂草（灌）的茎叶，抑制或致死幼嫩部分，降低杂草竞争力，同时保证其一定的生活力以保护生物多样性的方法值得借鉴。将除草剂采用喷雾、泼浇、撒毒土等方法施到土壤上，形成一定厚度的药层，接触杂草种子、幼芽、幼苗或被杂草各部分吸收而起到杀草作用的方法称为土壤处理法。树干处理法是把药剂注入树干，利用树木的物质运输习性以除草剂消灭灌木和非目的树种。

2. 林地灌溉

（1）合理灌溉。合理灌溉是指在灌溉时应该做到“四合理”，即采用合理的灌溉方式，在合理的灌溉时间，按合理的灌水量将灌溉水供给到土壤中合理的灌溉位置。一个管理较好的灌溉系统不仅能使灌溉水的空间和时间供给最优化，而且能使灌溉水的效益成本比最大化。

合理灌溉时间的确定是实现合理灌溉的基本前提，“过早”或“过晚”的灌水都不能使林木在最需水的时期得到充足的水分供应，从而影响林木的正常生长，并造成灌溉水利用效率低下。目前，一般可根据林木生长节律、需水规律、气候状况、地下水位等确定全年尺度上的重点灌溉时期；而每个灌溉时期内具体的灌水时间一般可根据土壤水分状况（可用土壤水势、土壤含水率等表征）、树体水分状况（可用叶水势、茎干水势、茎干直径微变化、树干液流等表征）和树体温度（可用叶片温度、冠气温差等表征）等确定。

在水分供应过多的情况下不仅树木存在“浪费”水的现象，而且还会造成深层渗漏，而如果水分供应不足，树木会经受水分胁迫，影响其蒸腾和光合作用。

可依据土壤水分状况和林木耗水情况来确定合理的灌水量，可研究我国主要速生丰产林树种（基础）作物系数曲线，并结合常规气象数据计算灌水量。此外，灌水量应随树种、林龄、季节和土壤条件不同而异，一般要求灌水后的土壤湿度达到田间持水量的60%~80%。

合理的灌溉位置。为了提高灌溉水的利用率，需要将灌溉水供给至土壤中林木水分利用率最高的区域（吸收根系密集区域、主要吸收根系分布土层）和不容易发生水分深层渗漏的区域（根系分布较深的区域）。合理的灌溉方式，是指将灌溉水供给至“合理的灌溉位置”的灌水方式，如小流量、高频率的滴灌能将大部分灌溉水保持在表土层或浅土层。

合理的灌溉方式，具体指不同灌水技术参数（灌溉频率、灌溉位置、灌溉系统设计参数等）的组合。研究表明，与2 L/h和4 L/h的滴头流速和连续性灌溉相比，流速1 L/h和脉冲式灌溉（每隔30 min灌水30 min）能增大土壤湿润体体积，将更多的灌溉水保持在浅土层，且可减少水分深层渗漏。

（2）灌溉水源。引水灌溉包括蓄水和引水，蓄水主要是修建小水库，引水是从河中或井中引水灌溉。目前采用的集水面处理方式有薄膜覆盖、自然植被管理和化学材料处理等。

（3）灌溉方法。

第一，漫灌。漫灌是在田间不做任何沟埂，灌水时任其在地面漫流，借重力作用浸润土壤，是一种比较粗放的灌水方法。漫灌工效高，但用水量大并要求土地平坦，否则容易引起冲刷和灌水量不均。

第二，畦灌。畦灌是在田间筑起田埂，将田块分割成许多狭长地块——畦田，水从输水沟或直接从毛渠放入畦中，畦中水流以薄层向前移动，边流边渗，润湿土层。畦灌应用方便，灌水均匀，节省用水，但投工较多。

第三，沟灌。沟灌是在林地内开挖灌水沟，灌溉水由输水沟或毛渠进入灌水沟后，在流动的过程中主要借土壤毛细管作用从沟底和沟壁向周围渗透而湿润土壤。沟灌的利弊介于漫灌和畦灌之间。

第四，节水灌溉。节水灌溉是以最低限度的用水量获得最大的产量或收益，也就是最大限度地提高单位灌水量的产量和产值（水分利用效率）。目前，我国重点推广的节水灌溉技术有：渠道防渗技术、低压管道输水灌溉技术、喷灌技术、微灌技术、雨水汇集利用技术、抗旱保水技术等。其中，微灌技术是利用微灌设备组装成微灌系统，将有压水输送并均匀地分配到田间，通过灌水器以微小的流量湿润植物根部附近土壤，在林业上逐渐得到重视和推广。按所用设备（主要是灌水器）和出流形成的不同，微灌可分为滴灌（地表和地下滴灌）、渗灌、微喷灌和涌泉灌（小管出流灌），其优点为省水、省工、节能、灌水均匀、增产、可用微咸水灌溉、对土壤和地形适应性强；缺点是灌水器易堵塞，系统投资高。

3. **林地排水**

土壤中的水分与空气含量是相互消长的。排水的作用是减少土壤中过多的水分，增加土壤中的空气含量，提高土壤温度，激发土壤微生物活动，促进有机质分解，使林地的土壤结构、理化性质、营养状况得到改善。

多雨季节或一次降雨过大造成林地积水成涝，应挖明沟排水；在河滩地或低洼地，雨季时地下水位高于林木根系分布层，可在林地开挖深沟排水；土壤黏重、渗水性差或在根系分布区下有不透水层，必须做好排水设施。

排水分为明沟排水和暗沟排水。明沟排水是在地面上挖掘明沟，排除径流；暗沟排水是在地下埋置管道或其他填充材料，形成地下排水系统。一般排水沟的间距在 100~250 m。泥炭层下面为砂土时，排水沟的间距应大于黏土和壤土间距。泥炭层越厚，沟间距应越小。

4. **施肥**

（1）林木生长发育对营养的需求。林木生长需要从土壤中吸收多种化学元素，参与代谢活动或形成结构物质。林木生长需要氮、磷、钾、硫、钙、镁、铁、铜、锰、钴、锌、钼和硼等 10 多种元素。植物对氮、磷、钾、硫、钙、镁等需求量较多，这些元素叫作大量元素；对铜、锰、锌、钼、硼、氯等需求量很少，这些元素叫作微量元素或痕量元素。从植物需求量来看，铁比镁少得多，比锰大数倍，所以有时称它为大量元素，有时称它为微量元素。植物对氮、磷、钾元素需求量较多，而这三种元素在土壤中含量较少，因此人们用这三种元素作肥料，并将其称为肥料三要素。

（2）林木营养诊断方法。林木平衡施肥，必须明确对某个树种林木要求达到某一产量指标时土壤中存在的或潜在的缺素问题，即需要对林木进行营养诊断分析，发现养分限制因子，以便调整平衡施肥方案。林木营养诊断是判断养分亏缺和平衡状况，预测、评价肥效和指导施肥的一种综合技术，包括以下四种方法。

第一，DRIS 法（诊断施肥综合法）。DRIS 法是在大量叶片分析数据的基础上，按照产量或生长量划分为高产组和低产组，用高产组所有参数中与低产组有显著差别的参数作为诊断指标，以被测植物叶片中养分浓度的比值与标准指标的偏差程度评价养分的供求状况。

第二，叶片营养诊断。叶片营养诊断是通过分析测定植物叶片中营养元素的含量来评价植物的营养状况，也称为叶片分析法。叶片的采集时期和采集部位对于植物营养状况的准确评价非常重要，一般靠近树冠顶部且充分发育的新生叶片比较适合用于营养诊断。目前，常用的叶片营养诊断方法包括临界值法、营养成分诊断法和矢量分析法等。

第三，土壤分析法。分别在某树种生长正常地点和出现缺素症状的地点，各取 5~25 份土样进行营养分析，有时还需在同一地点、不同季节取样，对比两地土样养分含量差异，即可推断土壤中某营养元素低于某含量水平时，某树种可能出现的营养亏缺症。土壤养分快速测定仪的普及为测土配方施肥提供了便利；土壤营养状况和林木生长养分需求信息的计算机储存和模拟为施肥提供了重要的决策依据。

第四，缺素的超显微解剖结构诊断法。用电子显微镜扫描植物组织切片，发现缺少某种营养元素的细胞结构会出现特殊缺陷，如质体、线粒体等细胞器或细胞壁内膜、核膜畸形。这种症状的出现往往早于肉眼可见的症状，因此可作为早期诊断依据。

（3）合理施肥。

第一，施肥时间。施肥时间一般根据林木的生长节律确定，有效的施肥季节常为春季和初夏林木生长旺盛期。此外，一般情况下，在林分郁闭前进行施肥对林木生长的促进效果要好于林分郁闭后施肥。

第二，施肥量。施肥量可根据树种的生物学特性、土壤贫瘠程度、林龄和肥料的种类来确定。为了获得施肥的最佳效果，必须清楚树种在不同土壤上对肥料的需求量和对氮、磷、钾比例的要求。但是由于造林地的肥力差异很大，由不同树种组成的林分养分吸收总量和对各种营养元素的吸收比例不尽相同，同一树种在不同龄期对养分的要求也有差别，加之林分把吸收的一部分养分以枯落物形式归还土壤，因而施肥量的确定相当复杂。当施肥量超过一定范围后，增加的生长量效益没有增加的肥料成本高，得不偿失，此时的施肥量称为最佳施肥量。过量施肥会产生毒害，生长量不增反降。

第三，氮、磷、钾的比例。适宜的氮、磷、钾比例可以提高施肥效果，其比例要根据不同的生态条件和树种而定。例如，松树林分的氮、磷、钾适宜比例为N：P：K=67：7：26，栽植于沙地的毛白杨的氮、磷、钾适宜比例为N：P：K=4：3：0。

第四，施肥方法。林木施肥方法主要有基肥和追肥，追肥又分为撒施、条施（沟施）、穴施、灌溉施肥和根外追肥等。在造林前将肥料施入土壤中的方法为基肥，造林后施肥的方法为追肥。把肥料与干土混合后撒在树行间盖土并灌溉为撒施；将矿质肥料溶于水或与干细土混合施于沟中，用土覆盖的方法为沟施或条施；将肥料放入离林木一定距离的小坑中并用土覆盖的方法为穴施；通过灌溉水给植物施肥的方法为灌溉施肥；把速效肥料溶于水中施于林木的叶子上的方法为根外追肥或叶面追肥。例如，在江西花岗岩发育黄红壤上进行杉木幼林施肥时，用磷肥作基肥一次性施入，肥效优于造林后1年一次性追肥或分次追肥的效果。杉木中龄林施肥试验结果表明，氮、磷、钾肥沟施效果好于撒施。施肥时应将肥料施于树冠中外围下方的土壤中，切忌施在树干周围，这样不利于须根的吸收。

5. 种植绿肥植物和改良土壤树种

在林地上引种绿肥植物和改良土壤树种，能增进土壤肥力和改良土壤。常用的绿肥植物有紫云英、苕子、草木樨、紫花苜蓿等，改良土壤的树种有紫穗槐、赤杨、木麻黄等，多为有固氮能力的植物。可以先在贫瘠的无林地上栽植绿肥植物或对土壤有改良作用的树种，使土壤得到改良后再造林；在造林的同时种植绿肥，与造林树种混生或间作；在主要树种或喜光树种林冠下混植固氮植物或小乔木，以培肥地力。对三倍体毛白杨速生纸浆林开展紫花苜蓿间进行试验，结果显示2~5年生林分土壤有机质、全氮和碱解氮含量较对照分别提高39%、44%和83%。

6. 林内凋落物和抚育剩余物管理

林内的凋落物层是林木与土壤之间营养元素的交换媒介，是林木取得营养的重要源泉。林下凋落物对林木的作用有：凋落物分解后，可以增加土壤营养物质的含量；保持土壤水分，减少水土流失；使土壤疏松并呈团粒结构；缓和土壤温度的变化；在空旷处和疏林地防止杂草滋生。林内的凋落物可以较好地提高土壤肥力，促进林木生长，维持森林生态系统平衡。林内的凋落物储量随林分的不同而不同。针叶林的凋落物现存量普遍高于阔叶林，但是针叶林凋落物所含养分低于阔叶林内的凋落物。阔叶林内凋落物对改善土壤营养状况具有重要作用，应保护好林内的凋落物。在营林中，可以通过营造针阔混交林或林下发展灌木层来提高林内的凋落物，禁止焚烧或耙取林内凋落物。此外，如果凋落物分解较慢，可采取外加氮源（铵态氮、硝态氮），降低碳氮比，加速凋落物分解和释放养分。

抚育剩余物主要包括除草（灌）剩余物、间伐和修枝剩余物等，其中保留了相当的营养元素，也是林木获取营养的重要源泉。对抚育剩余物进行合理管理可以有效保存林地养分，减少土壤水分散失和水土流失，抑制杂草生长，增加土壤微生物的数量和活性，改善林地土壤状况。但是，如果对抚育剩余物处理不当，如移出林地或火烧，则会造成林地土壤养分大量流失。目前对林地抚育剩余物较好的管理方式有平铺、垄状归堆、粉碎还林和就地腐熟还林等。

（二）幼林林木抚育

幼林树木虽然矮小、抗性弱，但是生命力最旺盛。此时林木的特性表现为对营养空间的纵向和横向竞争，喜光树种先是加快高生长，竞争上层空间避免被压，然后迅速扩展水平空间，从而保证个体占有最大的营养空间，即使同一个体的不同器官和枝条间也有明显的竞争；耐阴和半耐阴树种竞争力虽然没有喜光树种强，但耐阴树种间和个体间对营养空间也存在竞争激烈。幼林林木对营养空间竞争的生物生态学特性决定了幼林林木的生长发育状况不一定都与林业生产目的相一致，如泡桐“冠大干低”、林木自然整枝、经济林树冠内堂结实率低等问题。这就要求在进行幼林地抚育管理的同时，必须对幼林林木本身进行抚育，既促进树木生长发育尽快成林郁闭，又保证树木向目的产品的速生、丰产、优质、高效方向发展。幼林林木旺盛的生命力和超强的可塑性为林木的抚育提供了可能。幼林林木抚育包括抹芽接干、修枝抚育等。

1. 抹芽接干

抹芽是整枝的一种形式，即在侧芽膨大、芽尖呈绿色时把芽抹掉。抹芽接干是指对顶芽死亡或顶端优势弱的树种保留树干上部 1 个健壮侧芽接干，抹除下部部分或全部侧芽，以培育高干良材的林木抚育措施。

（1）抹芽接干的意义。芽是树木生长发育的基本单元，树干第 2 年的高生长由苗干上的顶芽萌发而成，或者由干上部的侧芽或隐芽等萌发接干而成，侧枝主要由侧芽萌发而成，树木冬芽的萌发与树木形态建成关系密切。如果苗干顶芽饱满，顶端优势强，分枝特性表现为主轴分枝，就容易连续自然接干，形成通直圆满的树干；否则顶芽弱小或死亡，顶端优势弱，只能由侧芽接干，如果侧芽互生，还比较容易形成新的顶端优势，进行合轴分枝，形成较通直圆满的树干，但如果侧芽为对生（如泡桐），就难以形成新的顶端优势，分枝特性表现为二叉分枝或假二叉分枝，树形表现为“冠大干低”，树木的经济价值、生态效益及景观效果均较差。

抹芽接干可以实现连续自然接干，控制侧芽萌发成枝数量和位置，调控树冠结构，提高光合效率，合理分配光合产物，促进树干生长，培育通直、圆满、无节、少节良材。马尾松抹芽试验结果表明，抹芽 3～6 年后，无节主干可达 2～3 m，年高生长量较未抹芽的高 30%～40%，抹芽的无节部分上端与下端直径差平均为 2.3 cm，少于未抹芽直径差的一半。对兰考泡桐进行抹芽接干实验的结果表明，人工接干比不接干树主干高 64.4%，胸径生长多 27.7%。

抹芽接干简单易行，省工省力，伤口容易愈合，又不消耗树体养分，并且如黄波罗、鸡爪槭等树种修活枝容易引起微生物从伤口侵入，造成木材腐朽，抹芽接干是行之有效的林木抚育方法。

（2）抹芽接干技术。

第一，树种的选择。树种的生物学特性不同，抹芽接干的效果有很大不同。大部分针叶树和一部分阔叶树顶芽比侧芽大且饱满，顶端优势强，具有单轴分枝特性，无须抹芽接干，如红松、落叶松、柳杉、杉木、扁柏、青桐、杨树、山桐子、银杏等；部分顶芽死亡成合轴分枝的阔叶树种，人工抹芽接干的必要性较弱；而许多对生叶阔叶树种顶芽比侧芽小或死亡，呈二叉或假二叉分枝特性，顶端优势弱，无法直接通过顶芽或侧芽实现接干，必须通过人工抹芽接干的方法实现，如泡桐。剪梢抹芽接干对不同泡桐种类的效果也有差异，如毛白 33、山明泡桐、豫选一号、豫杂一号、白花泡桐、楸叶泡桐的接干高、接干形率、通直圆满度均较兰考泡桐、台湾泡桐、毛泡桐、光泡桐大。

第二，时期。抹芽接干时期宜早不宜晚，一般在造林当年进行，以防接干与主干年龄相差大，出现两段材，降低出材率。一般植苗造林后需要连续抹芽接干 2~3 次才能达到高干材培育的要求。仅仅抹除侧芽以培育无节、少节良材的，如马尾松，可以在造林 3~5 年后才开始抹芽，以免抹芽使树冠光合叶面积小，影响主干生长。抹芽接干时间在芽开始萌动至尚未抽梢发叶时为好，最迟应在侧枝梢的基部木质化以前。

第三，方法。顶芽饱满不需要人工接干的树种，除须早春芽萌动时抹除侧芽外，夏季也须及时抹除新萌发的侧芽，通过 4~5 年的连续抹芽，主干达 7~8 m 成材高度后停止抹芽。但要注意保留部分侧枝以防风折。随后再培育侧枝，扩大光合叶面积，促进树干生长。

对二叉或假二叉分枝特性的树种进行抹芽接干时，一般在梢部迎主风方向留 1 个饱满健壮的侧芽，在其上部 2 cm 处剪去梢部，下部侧芽仅留 1 对或全部抹除，秋季落叶后或翌年春季萌芽前砍除侧枝。连续接干 2~3 年即可形成通直圆满的高干，一般高度可达 6 m 以上。

2. 修枝抚育

在自然状况下，林木的下部枝条随着年龄的增长逐渐枯死脱落，这种现象称为自然整枝。人为地除去树冠下部的枯枝和部分活枝的抚育措施，称为林木修枝。林木修枝分为干修和绿修：干修是去掉枝干下部枯枝；绿修是去掉部分活枝。

（1）修枝抚育的意义。

第一，林木修枝能提高木材的材质。修枝可以消灭木材死节，减少活节，增加木材中的无节部分。因为死节使木材纤维倾斜，降低木材强度，使锯刨加工困难，板材干燥时死节松弛脱落形成空洞。

第二，修枝能增加树干圆满度。修除活枝后，由于同化物质运输与分配的变化，切口上方树干生长量增加，切口下部则减少，提高了树干的圆满度。

第三，修枝能提高林木生长量。修除树冠下部受光差的枝条，修掉妨碍主干生长的竞争枝、大侧枝及枯枝，会使林木的高和直径生长有所增加。

第四，修枝能改善林内通风透光状况和林木生长条件。修枝能减轻旱害和防止枯梢；增加复合生态系统林下光合有效辐射 39.7%~98.9%，增高林下气温及叶温，降低空气相对湿度；修除枯枝、弱枝，减少树冠火的发生率，增加林木抗性，减弱雪压和风害，防止害虫及立木腐朽病的发生和蔓延。例如，红松林内不修枝，林内通风差，空气湿度大，易发生烂皮病。

第五，适当修枝可降低林间虫害密度，延缓害虫繁殖和扩散速度，同时修枝能改善林分的通风透光状况，促进林木生长，提高林木对病虫害的抗逆性。

第六，修枝还能提供燃料、饲料、肥料，增加收益。

（2）修枝抚育技术。

第一，修枝林分和林木的选择。在有价值的和立地条件较好的林分中进行人工修枝，对于干形不良树木占多数的林分和立地条件差的林分，暂不进行或不宜进行修枝；修枝应主要在幼林和干材林中实施；自然整枝良好不留死节的树种（如杉木等）不需要修枝，对自然整枝不良的树种（如马尾松、云南松等）才进行修枝。

需要修枝的林木，应该生长旺盛，树干和树冠没有缺陷，有培育希望。这种选择部分林木整枝的方法，不仅节省人力、物力，又能使不整枝林木的枝条为整枝林木的树干创造庇荫条件，促进伤口愈合，同时还能抑制某些树种树干不定芽的萌发，减轻某些薄皮树种的日灼害等。在生产中往往将修枝与抚育采伐结合进行，作业效果会更好。

第二，修枝的开始年龄、间隔期和修枝高度。国内一般以林分充分郁闭，林冠下部出现枯枝时，作为开始整枝年龄的标志。但对于顶梢生长力弱的阔叶树，如泡桐、刺槐、白榆等，为了实现控侧枝促主轴生长的目的，造林后当年可实行抹芽，2~3 年即开始整枝。在立地条件好、林木生长较快的地方，整枝开始年龄宜早；在经济条件好和少林地区，整枝时间也应早些。

修枝间隔期是指两次整枝中间相隔的年限。大多数针叶树是在第 1 次整枝后又出现 1~2 轮死枝时进行第 2 次整枝。阔叶树早期整枝有利于控侧枝促主干生长，间隔期宜短，一般是 2~3 年。

整枝高度应视培育的材种而异。一般修到高度 6.5~7 m，即能满足普通锯材原木的要求。造纸、火柴和胶合板材修到4~5 m，造船和水利用材修到6~9 m。随着整枝高度的上升，整枝困难，效率减低，只有在特殊需要时才修到10~13 m。

第三，修枝的季节。一般在晚秋到早春（隆冬除外）进行整枝，这时树液停止流动或尚未流动，不影响生长，而且能减少木材变色现象。冬季林木养分大部分贮存在根部，修除一部分枝条，林木养分损失较少。晚秋整枝，切口长期暴露在寒冷条件下，切口附近的皮层和形成层容易受到损伤；即将进入生长季节的早春整枝，切口容易愈合，比深秋整枝效果更好，但杨树、柳树、栎类等在春季发芽前皮层极易脱离木质部，整枝时很容易撕剥树皮，应十分谨慎；有些萌芽力很强的树种，如刺槐、杨树、白杨等，宜在生长季节整枝。如在秋季整枝，翌年春季会从切口附近发出大量萌枝，影响干形，还需要再修枝。有些枫杨、核桃等阔叶树种，冬春整枝伤流严重。生长季节整枝，伤流会很快停止，但生长季整枝不宜在干热时期，因为此时伤口组织会很快干燥，影响愈合，并且容易遭受病虫害的侵袭。

第四，修枝的强度。修枝的强度，一般用整枝高度与树高之比或树冠的长度与树高之比（冠高比）表示。整枝强度大致可分为强度、中度和弱度3级。弱度整枝是修去树高1/3以下的枝条，保留冠高比为2/3；中度整枝是修去树高1/2以下的枝条，保留冠高比为1/2；强度整枝是修去树高2/3以下的枝条，保留冠高比为1/3。

第五，修枝切口的愈合。在干修时，切口的愈合过程与天然整枝相同，但因枯枝去掉及时，可加快整枝速度，减少死节。绿修时，伤口周围露出的树干形成层和皮层的薄壁细胞分裂长出薄壁的愈合组织，逐渐扩大，把整个切口封闭愈合。

切口愈合的速度是两侧的组织增长最快，上面的次之，下面的最慢。其原因是：树干直径生长，对切口侧面压力不断增加，但对切口上线和下线的压力仍然不变；伤口两侧的形成层组织纵向切开，伤口上下线的形成层组织横向切开，致使侧面形成层细胞所受的刺激大于上下线。这使营养物质容易流到切口侧面，促使愈合组织形成，而营养物质最难输送到的地方是切口下缘。

绿修切口位置有四种：平切，贴近树干修枝；留桩，修枝时留桩1~3 cm；斜切，切口上部贴近树干，切口下部离干成45°留桩成一个小三角形；留桩斜切。

平切伤口面积虽大，但愈合较快，能消除死节并能形成较多的无节材，适于大多数针叶树和阔叶树。留桩操作简单，不易损伤树皮，伤口面积小，但愈合时间较长，易形成死节。有些树种不留枝桩就不能形成保护组织时，只能保留枝桩。

切口愈合快慢受树种、切口位置、立地条件、林木的生活力、枝条粗度和庇荫情况等多种因素影响。阔叶树切口愈合一般比针叶树快。阔叶树中切口愈合速度快慢顺序为杨、柳、白榆、刺槐、苦楝、臭椿、栎类等。针叶树切口愈合速度的快慢顺序为落叶松、云杉、冷杉、松树；树冠中上部枝条由于得到的营养物质多而愈合快，伤口距上部生长旺盛枝条越近的愈合越快；立地条件良好的切口愈合快；树龄越小，生命力越旺盛，越容易愈合；枝条越细，切口越容易愈合。为了使切口尽快愈合，防止感染病腐，修枝的枝条粗度应有一个界限。

修枝切口与木材腐朽关系密切。据日本、苏联的研究，有些树种修除活枝后能引起真菌从伤口侵入，造成木材腐朽。这是由于某些阔叶材种的保护组织形成不完全（如山杨、槭树、桦树、橡树等），某些针叶树种没有树脂淀积现象（如冷杉）或树脂淀积速度很慢（如云杉等）。为达到修枝的良好效果，要求修枝切口平滑、不偏不裂、不削皮和不带皮，这样可减少虫害及腐朽，促使愈合。对于较粗的枝条，应先锯（或砍）下方，后锯（或砍）上方；对于松树等轮生枝，宜稍留枝桩，以免切口相连造成环状剥皮。

第三章　森林经营发展与林业生态工程

第一节　生态林与商品林培育技术

一、生态林培育技术

（一）农田防护林

农田防护林是指在有农田的地方，为抵御自然灾害（风沙、干旱、干热风、霜冻等），改善农田小气候，创造有利于农作物和牲畜生长繁育的环境，保证农牧业高产稳产，并为人民生产生活提供木材而营造的防护林。

农田防护林的形式大致有三种：① 林带构成林网，即在农田四周营造带状林分，林带在大片农田中交织成网，称为农田防护林网，目前应用广泛；② 农林间种，即在农田内部间种树木，其株行距均较大，近于散生状态，如华北有的地区采用椿树、枣树、柿树在农田中间作；③ 林岛，即在农田的间隙地带营造丛状林和小片林，有防风作用，农牧区应用较多。

1. *农田防护林的营造技术*

（1）树种的选择。① 生长迅速、树体高大、枝叶繁茂，如杨树和桉树，能较早发挥防护效益，延长防护距离。② 寿命长、生长稳定，能够长期发挥作用，减少更新次数。③ 抗风力强、不易风倒和风折。④ 水平根不过分伸展，以减少胁地和遮地面积，如木麻黄、箭杆杨，树冠较紧束不开张。⑤ 与农作物无共同病虫害。⑥ 树种有较高的经济价值，能生产木材和其他林副产品。

农田防护林适宜的树种：北方主要有榆树、刺槐、柳树、油松、樟子松、红皮云杉、杨树、泡桐、槐树、核桃树、枣、柿、紫穗槐、柽柳、沙枣、沙棘等；南方主要有木麻黄、桉树、水杉、池杉等。

（2）林带的配置。为使林带具有理想的结构和断面形状，必须考虑树种的合理配置，形成复层林。林带的混交类型有乔木混交、乔灌草混交、乔灌果混交和针阔混交四种类型。林带配置要注意树种的生物学特性，特别是成林后的高度和对阳光的需要程度，否则将出现不良后果。例如，边行和中间行生长快慢不同，则可能降低防护作用。有时也有一种树种长得快而其他树种受压抑，最后变成残留 1~2 行乔木的林带，也不能起到预期防护作用。另外，在设计林带时，为了早日收到防护效益，一般应选用速生树种。但速生树种寿命较短，不能发挥持久的防护作用，因而在有条件地区，可以考虑长短结合的办法，营造针阔混交林带，当速生阔叶树长成材时即可伐去，而由长寿的针叶树代替。如小黑杨与云杉、樟子松，落叶松与水曲柳混交等。此外，在一条林带上还应根据地势的高低、盐碱程度或干燥瘠薄情况，选择适宜的树种，如分别配置旱柳或榆树、刺槐等，避免不分土壤的干湿肥瘠一律配置杨树的做法。

（3）栽植密度。林带的栽植密度是形成理想结构的重要条件，一般提倡防护林比用材林的密度要大些。这不仅可以早见效，而且对疏透度和透风系数留有调节的余地，并适应窄林带的造林特点。林带的株行距，乔木可以采用 1.0 m×1.5 m或 1.5 m×2.0 m，要求三角形配置，灌木可采用 1.0 m 的株距。

（4）造林技术。林带造林除严格贯彻常规操作技术外，还应特别注意修剪苗根和大苗深栽的技术环节。当前国内外栽植林带普遍提倡栽植大苗，大苗在起苗时常易损伤苗根，如不及时修剪易引起根系腐烂，剪根后还有利于剪口萌出新根，对树木成活和吸收水分养分均有利。大苗标准：苗高 3~4 m、地径 3 cm 以上的 2~3 年生大苗，最低也应采用 1 年干、2 年根的 2 年生根苗。杨、柳的栽植可深至 40~60 cm，这样既有利于吸水成活又有利于树木的快速生长。此外，在同一条林带上，还应该尽量做到“四个一样”，即树种一样、规格一样、高矮一样、粗细一样。这样不仅可以使林相整齐美观，而且有利于林木均衡生长和充分发挥林带防护作用。

（5）幼林抚育。对新造幼林及时检查和补植，加强抚育管理，是保证迅速成林，使林带尽早发挥防护作用的关键。并可提倡在带行中间进行林粮间作。对林带来说，凡是成活率低于 90%，缺苗断条的林带，均应于造林后的 1~2 年内用同样规格的大苗补齐。幼林郁闭前要及时除草、松土、培土、摘芽，有条件的地区还应灌水和追肥。对灌木平茬要隔株进行或在林带两侧交替进行，这样既不会降低林带的防护效果，又充分利用了条材，也有利于灌木的旺盛生长。

(6) 减轻林带胁地的方法和措施。林带树冠的遮阴和地下根系争水、争肥造成林缘附近的农田生长不良而显著减产的现象称林带胁地。为了减轻林带胁地，或把林带胁地影响降到最小限度，可采用以下措施。

第一，宽度和网格大小要适度。在风沙干旱较重地区，尽量采用“窄林带，小网格”，在仅有一般风害的粮棉生产基地，则仍采用窄林带，但网格应适当加大。这样既少占地、少胁地，又不影响林带的防护作用。

第二，选择适宜的伴生树种。林缘应配置冠幅小、根蘖性弱、侧根不发达的直根性树种。林带胁地减产的范围大约在林带高度1倍的范围内，但由于树种不同其影响的远近也不同。

第三，林、渠、路巧安排。林带胁地阴面重，阳面轻，符合“胁北不胁南，胁东不胁西”的规律。因此在林渠路结合配置时，可按“南渠北路”配置，即水渠在林带之南，而道路在林带之北。这样光照和争水肥的问题都可得到解决。

第四，调整林缘附近作物品种和偏施水肥。在林带遮阴范围内种植较耐阴的豆类、荞麦、甜菜、谷子、糜子及小麦等，则减产轻微。山西夏县总结的“三偏一早”即对林带根系夺水肥而减产的农田采取偏水、偏肥、偏管理和提早灌水的办法，效果很好，可使农田基本免除减产威胁。

第五，开沟断根，减轻胁地程度。林带栽植后应在边行树木外1~1.5 m处挖深、宽各50 cm的边沟，将土推到内侧。这样既便于林带保护和灌水，又对树木根系伸向农田起到了阻碍作用。对边沟每隔3~5年应重新整理挖掘一次，切断根系，减轻胁地程度。据黑龙江省肇州县观测，在林带胁地范围内，挖沟比未挖沟的作物平均增产91%，效果很好。

总之，根据各地营造农田防护林的经验，可以得出“林带胁地一条线，农田受益一大片”的结论。

2. 农田防护林的抚育、改造和更新

为了完成农田防护林的建设任务，还应对防护林带进行抚育、改造和更新。

(1) 林带抚育。林带郁闭后及时修枝、间伐是调整林带结构和促进林木生长的重要手段。林带修枝应坚持晚修、轻修和适当保留大枝，以免林带孔隙过多，降低防护作用，间伐要量少次多，以不破坏林带结构、保持最适疏透度和透风系数为原则。对生长较差的林木，应增施水肥，促进生长。

（2）林带改造。早期营造的林带，有一部分由于设计不当或其他原因而需要改造的，可采用下列措施：凡带距过远或过近的应按正确的设计标准增设或砍除过密的行。对林带过窄的只有一二行，而且透风系数过高的，可在林带阳面按应有规格增加行数。对杨、柳树种也可采用“挖沟借树”的方法，使其萌出幼树，培育成林，对小老树林带可采取平茬复壮、行间深翻、行内培土、埋压绿肥或追肥、灌水等措施进行改造。

（3）林带更新。当林带中的主要树种已达成材标准，就应适时更新。但应因地制宜，分别对待，做到“后继有林”，持续发挥防护作用。

第一，更新时间。应与主要树种达到径级用材和工艺成熟年龄相一致。杨、柳、刺槐、泡桐等速生树种为 15~20 年。对自然条件恶劣地区的林带，从成活到成林极其不易，应尽量充分发挥其防护效能，不要轻易伐除。

第二，更新方式。林带应有计划地分期更新，以保证在老林带伐除后、新林带长起之前的防护作用不致中断。

换代更新。在老林带伐除以前紧密靠老林带栽植新林带，待新林带长到 3 m 以上时再伐去老林带，并将迹地改为农田。这种方法不致大大降低防护效果。但在一定的时间内增加了林地占地面积，故适用于窄林带的更新。

隔带更新。在一定区域内，每隔 1~2 带伐去 1 带，并在原林带位置上营造新林带。待新林带基本长成，能发挥防护效益时，再伐去原保留的老林带。这种分期更新的方法比较简便，也不多占耕地，但必然有一部分土地在一定时期内失去保护。故适用于带距较小的林带更新。

半带更新换代。即在同一条林带内，先伐去背风向阳的一半，并在迹地上重新造林，待幼林长至一定高度后，再更新另一半林带。这种办法适用于带宽较大的林带。

带间更新换代。即在两条老林带间营造一条新林带，当更新的林带成林后，再将老林带伐除。此方法变大网格为小网格，扩大了防护范围，提高了经济效益、适用于大网格和防护作用较低的防护林带更新。

为了达到林带更新时尽量不降低防护效果的目的，无论采用哪种方式，营造新林带都要选用健壮大苗，适当增加常绿针叶树，如樟子松、红皮云杉等，并注意采取有效措施防止原有林木对更新幼树的不利影响，以免新造幼林遭受压抑而推迟成林。应根据更新树种的生长情况分期伐除原林带。

（二）水土保持林

在水土流失地区，以调节地表径流、涵养水源、防止土壤侵蚀、改良和固持土壤、改善生态环境为目的的防护林，称为水土保持林。它是水土保持综合措施中的重要组成部分，也是防止水土流失的一项根本性措施。

1. 水土保持林的作用

森林有涵养水源、保持水土的作用，主要表现在以下四个方面。

（1）树冠截留降雨。林木生长起来以后，枝叶重叠，树冠相接，像伞一样遮蔽地面，它可以承接降雨，使地面免遭暴雨的直接打击，削弱雨滴对土壤的溅蚀作用。一小部分被树冠承接的降水蒸发到大气中，而大部分降水，经过枝叶一次或几次的阻流以后，慢慢落下或沿树干落下，削弱了降水强度，减少了林下的径流量或减缓了径流速度，因此，降雨对土壤的侵蚀作用也就大大减弱。

（2）枯枝落叶层吸水。林下的枯枝落叶、腐殖质等死地被物，像“海绵被”一样覆盖着地面，能承受雨滴的打击，保护地表免受雨滴的溅击和径流的侵蚀。它结构疏松，具有很强的吸水能力和透气性。据测定，1 kg 的枯枝落叶可以吸收 2~5 kg 的水。当其吸水饱和后，可以让多余的水分通过本身渗入土壤中，变成地下水，大大减少地表径流。此外，枯枝落叶还能加大地表的粗糙程度、机械阻拦并分散水流，从而大大降低径流速度。据测定，在 25°的山坡上，枯枝落叶层内的水流速度仅为裸露地上的 1/40。

（3）林地土壤透水。据分析，林地上的土壤腐殖质含量比无林地土壤要高 4%~10%。林地上土壤腐殖质增多，有利于土壤的团粒结构形成和理化性质改善。具有团粒结构的土壤孔隙大，透水性强，每个小团粒就像一座小蓄水库，把渗透进来的水分储存起来。此外，林木的根系不断发展，穿透土层，给地表水渗入土壤打开了通道，也增加了土壤的透水性。据试验，林地土壤的透水性等于草地和农田土壤的 3~10 倍。这样，大量的降雨渗入土内，转变成地下潜流，从而大大减轻了地表的径流冲刷。

（4）根系固持土壤。林木具有强大的根系，构成密集的根网，像钢筋一样固持着土壤，保持土壤免遭径流侵蚀，同时，林地土壤的腐殖质含量高，团粒结构好，有利于增加土壤的抗蚀、抗冲性能。

由于树冠截雨，枯枝落叶层吸水，林地土壤透水和根系固土作用，大大减少并分散地表径流，削弱了流速，减轻或避免了土壤的冲刷侵蚀，达到了涵养水源、保持水土的目的。

总之，大力营造水土保持林，对于控制水土流失，减少河渠水库泥沙淤积、调节气候、改善环境、发展农业生产，具有十分重要的意义。

2. 水土保持林的营造技术

（1）水土保持林的林种划分和树种选择。根据水土流失地区地貌部位和防护作用的特点与不同的营造目的，水土保持林又可分为许多二级林种。如分水岭防护林、水源涵养林、护坡林、梯田地坎林、侵蚀沟防护林、固沟林、塬边防护林、护岸护滩林及护库林等。选择树种的原则和依据应以适合当地气候条件为前提，选择生长迅速、寿命长、根系发达、能促进排水和固结土壤的树种；枝叶茂密、树冠较大、能形成深厚松软的枯枝落叶层的树种；耐干旱瘠薄、适应性强、能在贫瘠土壤上生长的树种；繁殖容易、种源充足的树种；根蘖性强、再生能力高的树种。

第一，分水岭防护林。分水岭地形高而突出，具有高寒、风大、干旱或瘠薄等特点。营造分水岭防护林的目的是控制地表径流起点，防止风寒霜冻，保护下部农田、果园或牧场，以及生产木材，解决燃料、肥料、饲料等需求问题。

分水岭防护林，应根据地形、土壤及土地利用情况进行配置。在窄而陡峭呈屋脊形的分水岭，沿山岭脊设置林带，带宽一般为 10~20 m，顶部若是荒地应全面造林。选择抗风而又耐干旱瘠薄的树种，采用乔灌木混交，也可以营造密植的纯灌木林带。宽而缓的分水岭或顶部浑圆的梁、峁顶，土层厚，条件较好，多作为农业用地。但为了防止水土流失和风害，也应营造分水岭防护林，一般可按农田防护林的要求，配置疏透结构林带，带宽 10 m 左右，选择生长迅速、抗风、耐旱、经济价值较高的树种，并尽量采用水平沟、水平阶或鱼鳞坑整地。三角形配置，乔木株距为 1 m×1.5 m，灌木为 0.5 m×1 m。

第二，水源涵养林。水源涵养林泛指河川上游水源山地集水区内的大面积森林。营造水源涵养林的目的在于分散、吸收地表径流，使之渗透、涵蓄在林地土壤中，并缓慢流入河川，从根本上控制水土流失，削减河流洪峰流量，根除水灾，变水害为水利。

水源涵养林实质是在山地斜坡的全面造林，既以涵养水源为主，又兼有用材作用。具体营造时，要坚持水土保持的整地措施，即因地制宜地进行水平沟、水平阶或鱼鳞坑整地。在造林方法上尽量采用大穴深栽，客土造林或容器苗造林。在树种选择上做到适地适树，选择耐瘠薄、耐干旱，适应性强的树种。在配置上采用密植的复层混交方式，以便迅速郁闭成林。在条件最差的石质山地，还可以先营造灌木纯林并封山育草，待立地条件改善后，再栽植乔木树种。

第三，护坡林。山地和丘陵地区的坡耕地与牧场是发生水土流失的策源地。营造护坡林应以水流调节林带为主。其目的是拦截、阻滞、分散和吸收地表径流，降低速度，减少流量，涵养水分并转为地下水。

在营造时应充分考虑林带的配置、宽度和结构。为了充分发挥水流调节林带吸收和分散地表径流的作用，林带应采用紧密结构的复层混交林。而在乔木生长困难或为了防止林带胁地，也可采用纯灌木林带。此外，在乔灌混交林带的迎水面还应配置紧密的灌木林缘，以更好地发挥分散水流的作用。

第四，梯田地坎造林。梯田地坎占耕地面积的3%~20%，为了充分利用地坎和保护梯田安全，可在梯田地坎栽植一些胁地轻的直根性灌木和小乔木，如柿、花椒、枣、文冠果、桑、柽柳、紫穗槐、柠条和胡枝子等。栽植位置：水平梯田栽在地坎中央；坡式梯田栽在地埂上部与原坡面相交处。灌木栽植后2~3年可在晚秋或早春平茬，既有利于灌木丛生，又可得到一定的经济效益。

第五，侵蚀沟造林。在侵蚀沟沟底、沟坡、沟沿、沟头及其进水凹地上营造防护林，目的在于缓流拦泥，防止沟底下切、沟坡扩展和沟头前进，控制沟蚀发展，改善小气候，合理利用土地。在已停止侵蚀或扩展不太强烈的沟坡都应造林，以保护和固定沟坡，防止侵蚀沟向宽的方向发展。在不超过45°的缓斜沟坡上，可直接挖穴整地造林，沟坡陡的坡面上，应用劈坡的方法，调整沟坡坡度，然后修成反坡梯田或植树平台，并在其上造林或栽果树。植树平台沿等高线呈品字形排列。田面大小为1~2 m^2，平台水平间距2 m，株距因造林树种而异。

第六，塬边防护林。塬边防护林应与塬沟工程措施相结合，以便更好地涵养和分散地表径流，发挥其固持塬边陡坡的作用。如塬边修筑、塬边埂，塬边防护林可营造在塬边埂内侧，利用塬边埂拦蓄的径流促进林木正常生长，也可结合修筑塬边埂密插灌木，从而加固塬边埂，或在塬边埂下侧栽植两行乔灌混交的窄林带，在塬边埂上侧可密植3行灌木。

第七，水库防护林。营造水库防护林的目的在于防止水库淤积泥沙、防止风浪冲击破坏库岸、避免水库过度蒸发和延长水库的使用年限。

护岸林的设置，一般从常水位开始，在常水位与最高水位之间，有浸水可能的，可营造生长茂密的灌木柳防浪林，栽植密度为0.5 m×1 m。灌木柳以下可栽植芦苇、蒲草等水生植物，以缓冲波浪冲淘岸基。

第八，护岸护堤林。营造护岸、护滩、护堤林的目的是防浪护堤、巩固河岸、阻滞洪水、淤积泥沙、保护现有农田、扩大耕地面积，以及生产用材和薪材等。

（2）水土保持林的营造技术特点。

第一，细致整地。在水土流失地区，根据坡度大小和坡面破碎程度等，因地制宜地采用水平沟、水平阶和鱼鳞坑等整地措施，能有效拦截地表径流，改变地形，防止土壤冲刷，并为苗木成活和幼林生长创造良好条件，因此，营造水土保持林必须认真对待整地工作。

第二，复层混交。为使森林发挥最大的水土保持效益，水土保持林应满足混交、复层和紧密的灌木林缘三方面的要求，混交林不仅能合理利用土地，而且生长稳定，有利于改良土壤，拦蓄径流，在水土流失严重的地方，应增加落叶丰富、具有吸水和改良土壤能力的灌木比例。

第三，适当密植。为使林分迅速郁闭，及早发挥水土保持作用，应根据树种的生物学特性适当密植，一般参考用材林密度并适当加大，如针叶树6600~9900株/hm^2；阔叶树每公顷4950~6000株/hm^2；灌木株行距0.5 m×1.0 m。

第四，抚育保护。为迅速增加植被，保护幼林，应强调封山育林，严禁人畜破坏。林分过密影响生长时，可适当间伐，但以不破坏水土保持林的防护效益为原则，灌木平茬应轮流隔行或隔株进行。

（三）沿海防护林

沿海地区是我国工农业生产的重要基地，是发展经济、对外开放的前沿地带，在我国国民经济建设中占有特殊的地位，但是沿海地区也是自然灾害频繁的地区。为抗御各种自然灾害，应建立良好的自然生态环境，发展林业，绿化海疆。沿海防护林不仅仅是单纯的林业建设问题，而且已经成为沿海经济发展的重要组成部分。

1. **沿海沙地特性与树种选择**

不同地区的沿海沙地的种类和性质不尽相同。现根据其距海远近及风和海水等作用的情况，将沙地分为潮积滨海沙土、风积滨海沙土和残积滨海沙土等类型，就这三种沙地的特性和树种选择分述如下。

（1）潮积滨海沙土。潮积滨海沙土分布在海滩的高潮线以外和潮水沟两侧，范围不宽，一般一百至数百米。这种沙土母质是靠潮水涨落的力差带来的矿物质粒和海生动物残体（多是破碎的贝壳）所组成。全土层和地下海水水位直接相关，1 年之中还为季节性潮水所淹没。盐基饱和度高，钙镁含量较高，土壤呈碱性，pH 值为 7.5~9.0，地下水位稳定，一般是 1 m 左右。

在广东、广西、福建等沿海沙地，木麻黄是主要的造林树种。它具有速生、抗风、固沙、耐潮汐盐渍等特性，故适应潮积滨海沙土生长，常用来营造海岸前沿基干防护林带。在山东及辽东海岸沙地用黑松、紫穗槐固沙，同时，紫穗槐还具有改良土壤作用。在胶南海岸前沿常有海风、海雾侵袭的沙土上，最适宜黑松的生长。

（2）风积滨海沙土。风积滨海沙土是潮积滨海形成后的延续产物。由于潮水涨落差的连续作用和夏季风向内吹扬，在海滩的内缘地带重新堆积而形成风积沙土。沙土质地粗细不一，具有上下不均和多层性，肥力较差。由于得不到海水补充盐分，而且长期受降水淋洗的影响，故含盐量明显降低，呈酸性至微酸性，pH 值为 5.5~6.0，地下水位高低不一，其含盐量也低，与海水并不相关联，土层性质变化较大。高低不一的沙丘、沙堤和洼地，丘堤部位水位低，层性均一；洼地水位高，而且常年呈规律性升降，在氧化与还原的交替作用下，出现了黄褐色的铁锈层，原海湾部位则有被覆盖后死亡腐烂的植物残体形成的泥炭沙层。

在风积滨海沙土区低水位的沙丘、沙堤部位，木麻黄第一代生长良好，第二代则出现明显衰退现象，而且病虫害严重。由于地下水位较低、土层较深、微酸性，为淋溶性土壤，养分多在 1 m 深度附近积聚，故选择深根性和要求微酸土壤的窿缘桉、湿地松较为合适，一般桉树与木麻黄混交比纯林好。在山东、河北及辽西的风积滨海沙土区以刺槐、紫穗槐最适宜。福建漳浦县和晋江县常用大叶合欢、麻风树、黄槿、苦楝、台湾相思等固定流沙，也收到一定效果。

（3）残积滨海沙土。残积滨海沙土的特点是上层为沙、下层为母岩，此类沙土面积不大。由玄武岩残积的沙土多数已垦为农地，质地细、呈红色、较肥沃，其母质与砖红壤的母质相同，故根系一旦深入到母质层，就如同长在砖红壤上一样。不仅湿地松、窿缘桉、木麻黄生长良好，能成林成材，而且对土壤肥力要求较高的阔叶树种也可考虑试种。至于花岗岩残积沙土，由于沙质粗，而且下层为坚实的母岩，养分缺乏，持水性极差，须经改土施肥，才可造林。

2. 滨海沙土的造林方式

长期以来，沿海地区在深入调查设计基础上，采取了一系列行之有效的防风治沙的造林方式，形成了由近而远、因害设防而营造的防浪护堤林、海岸基干林、防风固沙林、水土保持林等，构成沿海防护林体系。其造林方式如下。

（1）全面造林。在固定的沙地中，条件较好又暂不用作农耕地的地段和风蚀较轻微的平沙地或小沙丘，宜全面造林，进一步改良土壤和固定流沙。

（2）块状造林。在流动的沙丘、沙堤、地下水位低且旱季有深厚干沙的沙层，除水分条件较好，沙丘高度不大的地段，可实行全面造林。对地下水位太低、高度较大的流动沙丘，宜采用块状造林，逐步改变立地条件。用“前挡后拉”的方法来固定沙丘，效果很好。

（3）带状造林。海岸前沿，风潮严重，应沿海岸线在最高潮水位以内营造林带，其宽度应根据当地的具体条件、防护要求和需要而定，一般在100 m以上。

（4）种草固沙。在暂不适宜造林的地段，可先考虑种草。草类适应性强，生长迅速，郁闭快，甚至种草当年即有固沙之效。一旦流沙被草固定，就可为今后造林打下良好基础。南方沿海各地优良的固沙草类一般有老鼠刺、沙竿草、苞子草、芒类和沙蒿等。

3. 滨海沙土造林的技术特点

（1）合理整地。流动沙地、沙丘、沙堤等一般不需整地，植穴应尽量缩小，以免引起风蚀，招致露根或风倒。风蚀轻微的土地，可全面整地。在地下水位过高，甚至有季节性积水或全年积水的地段，为了改变根系浅和吸收养分受抑制的状况，必须采取堆沙起垄、开沟排水的措施，将地下水位降低到 1 m 以下，在地下水位降低以后，最好在造林数日前深翻晒沙，以消除由于长期积水而产生的对植物有害作用的还原物质，改善沙地的营养状况。

（2）客土施肥。在风积滨海沙土上采用客土施肥造林，对于提高成活率和促进生长效果显著。客土指的是肥土、黄泥土、海泥或潮积肥沙等，可增加沙土的黏结力。肥料以土杂肥为主，最好加入适量过磷酸钙。

（3）大苗深栽。由于海滨地区立地条件恶劣，必须采用壮苗、大苗造林，为了增强苗木抗性，提高造林成活率，各地区广泛使用容器苗造林。同时必须深栽，使苗木能吸收较深土层的水分，而且根系不致因风吹而露出土面，有利于提高造林成活率和促进幼苗的生长。

（4）营造混交林。为了提高防护效能、改良土壤结构、提高土壤肥力、增强树木抗逆能力、防止病虫害的发生和蔓延，应提倡营造混交林。各地采用的混交树种有木麻黄与柠檬桉、相思树、大叶合欢、黑松与紫穗槐等。

二、商品林培育技术

（一）速生丰产用材林

1. 林木速生丰产的基本知识

（1）林木速生丰产的生理学基础。从植物生理学的基本知识出发，人工林生物产量的大小取决于以下四个方面。

第一，光合速率。提高光合速率是提高人工林产量的基本途径。树木的光合速率决定于内在因素及外界环境。从内在因素看，光合速率决定于可遗传的树种或个体的特性。一般树种的光合速率较低，而某些速生树种，如杨树、桉树则较高，与农作物相近。同一树种的不同品种或类型，在光合速率方面也可能有很大差异。在木本植物中有没有高光效的 C_4 途径的植物，目前还不清楚，但可以肯定，通过树种选择及良种选育可以大大提高树木光合速率。从外界环境方面看，光合速率受光照度、温度、湿度、二氧化碳浓度、水分、养分供应状况等因素的制约。在这方面既可以通过施肥、灌溉等直接措施调节，又可以通过群体结构对环境因子所起的再分配和调节作用，为光合作用创造有利的环境条件。

第二，叶面积。在一定的范围内，光合产量随叶面积指数的增加而增加，但超过一定范围产量不再增加，甚至还会减少，最适合的叶面积指数，因树种及其耐阴性（主要是补偿点）的不同，而有很大差异。在这方面，可以通过采用一定的造林密度及后期调节（打枝、间伐等），选用耐阴不同的树种及相互间的搭配来达到并维持最佳叶面积状态，为林木速生丰产创造条件。除叶面积之外，枝叶的伸展角度，对光能在林内各层的分布和利用也很重要，在选择和配置树种时应予以注意。

第三，生长期。树木生长期的长短是决定光合产量多少的又一重要因素。一般来说，常绿树种的生长期比落叶树种长，落叶树中的早发叶树种比晚发叶树种的生长期长，树种不同发叶后叶子生长达到最大值所需的时间也有差异。此外，不同树种的形成层活动期的长短也不一样。一般环孔林树种的形成层活动期要比散孔林树种长。以上因素在选择造林树种时都应加以考虑。桉树在南方一年中几乎不停止生长，落叶松在北方放叶较早，而且生长期较长，这是它们能够速生丰产的基础之一。环境条件、林分结构对于树木生长期的长短也有显著的影响，例如，过密林分中的树木生长期就会显著缩短。

第四，老化过程。叶的同化能力是随着叶绿素含量的增减及酶活性化的大小等因素而变动的。叶的高光效阶段能维持多久，老化阶段到来的早晚对产量积累有很大影响。在树木的一生中也存在这个问题，顶端优势及形成层活动高峰能维持多长时间，不同树种有很大差异。有些树种到达生长高峰早，下降也快，如刺槐；有些树种到达生长高峰晚，而高峰的维持时间长，如云杉。立地条件好及栽培技术集约的人工林，其速生阶段来得早，但生长高峰的出现不一定早，而且高峰的高度大，速生期较长，即老化得慢。掌握这些规律，使叶子的功能较长期维持在高效状态，对林木速生丰产具有重要意义。

总之，掌握这些规律，加快树木的光合速率，使树木的叶面积适宜、生长期长、老化过程减缓，就能够给人工林的高产创造良好的生理学基础。

（2）林木速生丰产的主要途径。为了使林木速生丰产优质，应采取措施调节构成产量的各个环节，主要通过以下途径。

第一，使树木个体有良好的遗传基础。如高光效，低呼吸，较长的生长期，较强的抗逆性，合理的干、枝、叶、根的有机物分配比例等，这是育种措施和栽培措施的共同目标。

第二，使林木群体有合理的结构。保证适宜的叶面积及分枝角度、合理的层次、充分的光能利用，以及对林内生态环境的有利影响等。

第三，使林地生境能够保证林木顺利生长所必需的条件。即充分供应必需的光照、热量、空气、水分、养料等生活因子，并排除不良气象的、土壤的及生物的环境因子。

2. *速生丰产用材林的营造技术*

（1）树种选择。我国的树种资源丰富，其中有不少是既有速生丰产潜力，又有优良材性的树种，根据木材用途及适地适树的原则，正确选用速生丰产的造林树种，坚持以选用乡土树种为主，适当引用优良的外来树种；根据世界各国的发展趋势及我国的具体情况，仍应以针叶树种为主、针阔叶树种相结合；以选用速生树种为主、适当发展一定比例的珍贵用材树种；避免造林树种单一化、保证树种布局的合理化。我国营造速生丰产用材林应用广泛的树种有杉木、各种松树（包括部分国外松）、柳杉、水杉、杨树、泡桐、桉树和竹类等。

各个树种在适生立地条件下生长才能发展速生丰产潜力。适地适树是营造丰产林的首要条件，因此，在营造速生丰产用材林前，必须做好造林规划设计，合理安排树种，这是贯彻适地适树原则的关键。

（2）营造纯林为主，提倡营造混交林。对于集约栽培的速生丰产林，究竟是营造纯林好还是营造混交林好，看法不一。目前世界上大部分国家的造林还是以纯林为主，只有中欧、西欧的少数国家，混交林比重较大。我国目前也是以营造纯林为主，这主要是纯林中主要树种的木材产量高及经营管理方便。但生产中营造纯林已出现许多缺点，如病虫害多、地力减退、防护效果差等。营造混交林是解决这些问题的主要途径。我国在营造混交林方面也摸索出了不少成功经验，如落叶松与水曲柳、油松与元宝枫（及其他阔叶乔灌木树种）、杨树与刺槐、杉木与马尾松、桉树与樟树（或相思树）混交。但从全局来看，营造混交林的技术经验还很有限。从当前科学知识积累及经营水平的实际情况出发，目前我国营造速生丰产用材林仍要以纯林为主，同时鼓励开展营造各种混交林试验，在适当范围内推广行之有效的混交类型。为了减少纯林的不利方面，还应采用小面积纯林、分散或镶嵌配置、人工林轮作、保护枯枝落叶层、病虫害综合防治及其他措施。

（3）采用良种壮苗。良种壮苗具备较强的生理机能、较大的抗逆能力、较优的干材品质，因此也就具备了速生丰产优质的潜在能力。营造速生丰产用材林必须选用良种壮苗，凡以实生苗造林的，培育苗木所用的种子要达到国家标准或省（区）种子质量标准规定的要求；凡采用营养繁殖方法造林的，应建立采穗圃，培育健壮苗木。营造速生丰产用材林所用苗木不得低于国家标准的“主要造林树种苗木”的Ⅰ级苗质量指标。采用大苗、壮苗营造速生丰产林是国内外栽植速生丰产林的基本经验，使用容器苗造林对提高成活率，缩短缓苗期都有很大好处，可针对当地情况适当发展。在生长季节较短的寒冷地区还要推广工厂化的温室大棚育苗，以缩短育苗周期，提高劳动生产率，提供大量合格苗木。

（4）采用合理的造林密度。人工林的初植密度大小，对人工林的成材年限与生长水平有很大影响。当前各地营造的速生丰产林，大多偏密，尤其是在比较贫瘠的土壤上，过密就不可能速生丰产。为了使每株树木都有充足的营养面积，速生丰产林应适当疏植，在林木的群体结构中，疏密度往往起着决定性的作用，只有疏密度合适时，林木才能达到最高的蓄积生长量。如营造杨树速生丰产林，10~15年采伐，培育中、小径级材，株行距以2.5 m×5 m，4 m×6 m，5 m×6 m，420~750株/hm^2为宜。若培育大径材，15~20年采伐，株行距可采用6 m×6 m，7 m×7 m，8 m×8 m，150~300株/hm^2为宜。

（5）提高造林施工质量。整地、造林、幼林抚育是造林的三大技术环节，施工技术的高低对造林成果的好坏都有直接影响。

精细整地是营造速生丰产林的基本要求，但整地工程量并不一定越大越好，整地的方法和规格要因地制宜，还要兼顾水土保持的需要。造林穴的大小，要考虑苗木大小、造林地类、土壤质地、土壤水分和土壤解冻深度等，一般阔叶树大苗造林，穴的大小以60 cm×60 cm×60 cm~100 cm×100 cm×100 cm为宜。挖穴时严格操作要求，尽量做到提前整地，以熟化土壤、蓄水保墒。在地势平缓的东北林区、华北中原平原地区、粤桂沿海丘陵台地营造丰产林，可全面机耕整地，深20~30 cm，然后挖穴栽植。

植苗造林是几种造林方法中最主要的造林方法。目前世界各国造林工作中都有逐步增加植苗造林比重的趋势，特别是在营造速生丰产林时，除个别地区传统采用直播造林及分植造林的树种外，更应强调以植苗造林为主，大苗、大穴、深栽即“两大一深”栽植法是国内外营造速生丰产林的基本经验。大坑深栽，可以增强蓄水保墒能力，提高幼林成活率，同时，可以扩大根系分布层次，增加根系吸收面积，增强抗旱、抗风能力，提高林木生长量。

飞播造林虽是高度机械化措施，但从造林技术的角度来看是很粗放的，不能满足速生丰产林的要求，只能作为边远地区大面积荒山荒地的一般造林措施。

为了培育速生丰产林，及时对幼林采取集约抚育和保护措施是必不可少的。适当的林粮间作既能起到以短养长的作用，又能保证幼林及时抚育，在培育速生丰产林时应当大力推广。

（6）实行集约经营。幼林抚育要适时，一般连续抚育 4~5 年，前两年每年抚育两次以上，后 2~3 年，每年抚育 1~2 次。灌溉和施肥对林木速生丰产有很大的促进作用，问题在于水资源和肥料都比较紧缺的情况下，如何合理估计对林木灌溉施肥的可能性，同时要解决林木合理灌溉及施肥的有关技术问题。

林地灌溉主要指平坦地区、林农间作地，水浇地周围的农田防护林及渠旁植树，都可以结合农田灌溉进行林地灌溉。干旱地区营造的速生丰产林，必须保证及时灌水，最好能使林地经常保持或接近 70%的含水量。灌溉是平原地区林木速生丰产的必要措施，必须引起足够重视。林地施肥在林业先进国家中普遍应用，如日本每年林地施肥面积达 10 万 hm^2，林地施肥是一项经济效益很高的措施。速生阔叶树种，特别是轮伐期短的速生树种，幼林施肥可缩短轮伐期。

为了因地制宜地落实以上各项速生丰产技术措施，必须加强造林调查设计工作，把各项措施落实到地块上，造林后严格检查验收，全面贯彻造林技术措施，才能实现“株株成材、块块丰产”。

（二）薪炭林

以生产燃料为主要目的的林木称为薪炭林。由于树木的光合作用，把太阳能转化为化学能，储存在树体内，人们使用这些能量，用于生活和生产，因而薪炭林又称“能源林”。发展薪炭林是保护现有森林资源，解决农村燃料不足和农村居民的实际生活需要的一个重要途径。

薪炭林和其他能源相比，有许多优点：薪炭林是一种木本的可更新的再生能源；薪炭林是由高大乔木、灌木组成的森林类型，占据广大空间，有着巨大的生产潜力；薪炭林繁殖快，易利用，分布广，燃烧污染少，利用率高。

1. 薪炭林的营造技术

（1）确定薪炭林的类型。薪炭林的生产类型主要有下列三种，应根据具体情况选定。

第一，乔、薪结合型。该类型是采用乔木用材树种与薪炭林树种结合，符合多效益原则，是薪炭林发展的方向之一，主产品是用材，但首先生产的是薪材。

第二，乔木矮化型。该类型采用速生乔木，进行矮林作业，其优点是伐期短，可生产最多的生物量，易于机械化和集约经营。

第三，乔木混交型。该类型利用树种不同特性，如针叶与阔叶、慢生与速生、阳性与阴性，深根与浅根等混交造林，形成两层林冠，充分利用光能与土壤养分，使经济-生态-社会三项效益结合成为一个整体，这是最有发展前途的一种类型。

（2）选好薪炭林树种。根据薪炭林的特点，造林树种应具备下列条件。

第一，火力强，耐烧，燃烧热值高。

第二，无烟，无火花和有害气体。

第三，速生，适应性强，收益早，伐期短。

第四，萌芽力强，可多次萌芽更新，且产量高。

第五，可劈性好，易运输。

第六，兼有防护、“四料”、美化环境等功能。

热值是评价薪炭林树种能源价值高低的重要指标，不同树种材料的热值可因产地和木质水分含量不同而影响热值的变化。热值的定义是指树种所储藏的大量化学能在供氧充足的条件下，将树木完全燃烧时所释放的热量。因此，对不同的薪炭林树种，评价其价值时，多在风干状态，以其热值的大小作比较。

我国薪炭林主要树种有：麻栎、红栲、大叶栎、桉树、台湾相思、樟子松、油松、黑松、马尾松、云南松、木麻黄、沙棘、刺槐、山槐、槐树、木荷等。

2. 薪炭林的经营方法

为了使薪炭林有高效益，除了常规的管理工作，还必须选择适合当地和该树种特性的经营方法。

（1）灌丛作业法。根据各薪炭林树种（包括大多数灌木和萌性强的乔木，如刺槐、杨、柳等）最佳采薪周期（一般4年左右），平茬作业，分年收获，因此，又称为短轮伐期矮林作业。具体做法是，在造林成活当年的秋末冬初贴地面平茬，第一年不留枝桩，同时，在根茬上培土。第二年秋季平茬时要保留3~5 cm高的枝桩，促使枝桩上多发萌条。如需要刈割枝叶作饲料和肥料，可在雨季前，即6月平茬1次，还可萌发新条。初植密度一般为1 m×1 m，适时间伐。为了满足生态效益和年年采薪的需要，应有计划轮流平茬，如4年为1个采薪周期，1年采伐株数的1/4。秋后平茬，翌年春天萌发更新，1株萌条1丛，夏秋又郁闭成林，生物量增加。1次造林，多次平茬，多年利用，形成稳定的生物能源资源。在一般情况下，灌丛的更新期是15~20年，土质瘠薄的地方还要缩短。如生产以商品薪材为目的的薪炭林，应选好的立地条件。

（2）头木作业法。在树干一定高度把树干截断，使砍断面附近萌生枝条，长到预定的规格时，砍伐利用。由于每年或定期砍伐，此处不断增大而成瘤状，形似人头，树桩又较高，所以称为头木作业。

（3）鹿角桩作业法。这是盛行于我国江苏、浙江、安徽一带的薪炭林经营方法。做法一般是在松树造林后第6年，在主干1.0 m以上的高处选留粗壮枝条，锯去树冠，再在此盘枝上选留1对粗枝，砍去其他侧枝，此为一级枝，然后在这对一级枝上选留1对二级枝，形如鹿角，故称“鹿角桩”。

（4）乔林作业法。指薪炭林以培育小、中径级材的一般用材林的经营方法，既有实生苗形成的乔林（如松树），也有无性繁殖苗形成的矮林（如刺槐、杨、柳等）。薪炭材的收获是通过修枝、间伐和主伐实现的，培育期较长。修枝时间一般为秋末至早春，用嫩叶作肥料和饲料的，要在5—6月间修枝。一般每隔3~4年修1次枝，以获得较多的烧柴。间伐大都在4~7年（阔叶树）或10~15年（针叶树）后开始。阔叶林的培育期一般是15~20年，针叶林的培育期一般是20~30年，间伐均为2~3次。萌芽性强的阔叶树如刺槐、杨树、柳树、栎树、桉树、铁刀木、沙枣等主伐后可采用萌芽更新。

（5）中林作业法。薪炭林经营一般多采用纯林，实行矮林作业，但也可采用高矮结合、材薪兼顾、复层混交林结构的中林作业，即上层木进行乔林作业，生产用材或发挥防护效益，下层木采取矮林作业，生产薪材或兼备经济林。如杨树与紫穗槐、窿缘桉与大叶相思、马尾松与木荷等混交，有利于形成垂直树冠，提高光能利用率，增加林分生物产量和薪炭林的稳定性，同时也能更好地发挥薪炭林的多种效益。

第二节　低效林改造与封山育林

一、低效林改造

（一）低效林的主要类型

低效林根据其形成原因、林分状况及生产力的高低等可以划分成不同的类型。对于不同类型的低效林将采用不同的改造措施。按照起源、成因等不同，其分类可以不同。

1. 疏林

郁闭度低于0.2的林分。该种类型多是由于掠夺式采伐，反复破坏形成的。也可能是因为造林保存率低形成的幼龄疏林。这类林分主要表现为林地稀疏，郁闭度低，而且林木分布不均，灌木及草木植被丰富，林下更新达不到规程规定的标准。

2. 林相残破的过伐林

在采伐时没按采伐规程规定作业，经过多次采伐形成的“四不像”伐区或因滥砍盗伐形成的林相残破的林分。主要表现为缺乏目的树种，林木分布不均，年龄、树高、胸径大小不一，多呈团块状分布，林相残破，林地卫生不良。

3. 萌生的矮林

林分经过反复破坏后，形成以萌生为主的林分，以杨树、桦树、栎树等阔叶林为主。有些林分经过多次萌生，生长缓慢，质量低劣，已出现明显矮化现象。生长量和生态功能低下，已无培育前途。

4. 更新不良、低产的近熟林

该种类型主要因为樵采、滥伐、火烧等原因，使天然林遭到严重破坏后形成。林分年龄较大，多为近熟林。林木主干不明显、树干弯曲、心腐严重，单位面积株树较低，林分生长极为缓慢，林下更新幼苗、幼树较少。多分布于较为偏远的地区。

5. 灌木丛

灌木丛是天然林经过反复严重破坏后形成的，如东北地区的榛丛、柳丛等，在这些灌木丛中有时混生有少量的白株、柞树等。这类灌木丛除用于柳编等经济用途外，应该进行改造，改造的目的在于提高灌木丛的生态系统服务功能，增加其经济价值和生态价值。通过引入适宜的树种和植被，改善土壤结构和水文条件，促进灌木丛向更高级别的生态系统进行演替。

6. “小老头”林

因造林不“适地适树”而形成的树形矮小，生长缓慢的林分。主要表现为植株矮小，树干弯曲，有的萌条丛生，无明显主干或有枯梢现象。虽然年龄不大，但生长和外貌已表现衰退。如我国北方的杨树“小老头”林即为此类型。

7. 遭受自然灾害的林分

由于遭受火灾、风灾、雪火、病虫鼠害等自然灾害后形成的低产劣质林分。如森林遭受风灾后，大量树木受到机械损伤，树干折断，失去利用价值，造成疏密不均的残破林相。

（二）低效林形成的原因

1. 人工林低效林形成的原因

（1）造林树种选择不当。由于造林时，对造林立地条件或树种特性没有充分了解，使立地条件不能满足林树种的特性要求，导致人工林虽然成活，但生长较慢，难以成林、成材。如在我国北方栗钙土和黑钙土地区营造的杨树林，在东北山地逆温严重的沟谷地带营造的水曲柳林，其中多数形成了“小老头”林。以水曲柳为例，水曲柳是喜水湿的树种，因此，造林时常将水曲柳栽植在山地的沟谷水湿地带。但是，东北山地较窄的沟谷常有逆温现象发生，早春水曲柳芽胞开放时，逆温的出现使水曲柳受到严重的低温危害，导致主干分叉，影响生长，形成低效林。

（2）整地与栽植技术不当。细致整地与精心栽植是造林达到成林的关键环节之一。然而在造林时，人们常常忽视整地的作用，采用不整地造林或选择不正确的整地技术，影响成林。例如，在东北三江平原低平地造林时，如果采用普通穴状整地，造林后穴内积水影响幼苗、幼树生长，难以成林，如果选择高台整地就容易成林。在我国东北林区栽植红松时，如果采用播种造林，由于动物等的危害，导致造林出苗率低，难以成林。而选择植苗造林，则幼苗可以顺利生长，形成良好的林分。

（3）造林密度过大。在干旱、土壤薄，以及人为危害严重的地点造林时。为了保证成林，常常采用较高的造林密度。而造林后苗木成活、保存良好，形成了较大密度的林分。由于密度过大，营养空间不能满足树木个体生长的需要。随着年龄的增加，树木个体之间竞争加剧，导致树木生长不良，不能成材。对于这类林分，要及时地进行抚育间伐，保证成材。

（4）造林后未及时进行抚育。“三分造，七分管”，充分表达了造林后抚育管理的重要性。我国的低效人工林，有很大一部分是由于造林后未及时进行抚育而导致的。若造林后放任不管或抚育不及时，林地杂草和灌木溢生，则苗木生长受到严重影响，最终形成稀疏的低效林。有时由于幼林保护不当，新造幼林受到放牧或病虫害的危害，也会致使保存率很低，生长不良。

2. 天然林低效林形成的原因

（1）森林采伐。采伐是我国天然林受到的最主要人为干扰方式之一。随着人类改造自然能力的增强，人类从森林中获取木材的数量不断增加。合理的采伐方式（如合理的择伐）对森林的组成、结构和整体功能并不会产生严重的破坏。但是，如果为了在短期内获取大量的木材，而采用不合理的采伐方式（如皆伐），则将导致森林的组成、结构和功能遭到毁灭性的破坏。皆伐后如果更新不良，则会形成低效林。有时虽未采用皆伐，但反复对同一林分进行超量采伐，也将严重破坏林分的结构和功能，最终形成低效林。例如，我国东北林区，反复进行粗放择伐后，形成的“四不像”林分，剩余的低劣林木最终形成密度较低的残次林，天然林原有树种组成和林分结构遭到了严重破坏，森林整体功能下降，而后形成了低效林。

(2) 过度放牧。放牧是人类对自然生态系统形成的重要干扰之一。在农、林、牧交错区，放牧不仅改变草地的生产力和草种结构，牲畜也啃食更新的幼苗、幼树，导致森林更新不良，林分树种组成、结构及生长受到严重影响。长期放牧的结果，牲畜践踏土壤，导致林下植被稀少，森林土壤板结，土壤发生侵蚀流失，林地生产力下降。最终形成枝干弯曲、树冠低矮、林分稀疏的低效林。

(3) 林地开垦。为了满足人口增长对粮食的需求，在过去的一段时间内我国曾开垦了大量的林地，特别是有些地区非法烧荒耕作，造成了对森林的严重破坏。据估计，热带地区半数以上的森林采伐是烧荒开垦造成的。在人口稀少时，农民在耕作一段时间后就转移到其他地方开垦，原来耕作过的林地肥力和森林都能较快地恢复，刀耕火种尚不对森林构成多大危害。但是，随着人口增长，所开垦林地的耕作强度和持续时间都增加了，加剧了林地土壤侵蚀，严重损害了森林植被再生和恢复能力。

(4) 森林火灾。火灾是威胁森林的主要自然灾害。轻度森林火灾对森林的组成、结构和生产力影响较小。而中度和重度森林火灾，尤其是重度火灾过后，原有植被在顷刻间荡然无存，原有森林功能消失。火灾后如果天然更新不良，不及时采取人工措施促进更新，在火烧迹地上将形成组成、结构和生产力都较差的低效林。

除上述四种因素外，病虫害等自然灾害也可能导致森林成为低效林，而且低效林成因有时不是一种因素，也可能是多种因素共同作用的结果。天然林的低效林成因和人工林的低效林成因不是截然分开的，如导致天然林成为低效林的过度放牧和森林火灾，也可能是导致人工林成为低效林的原因。

(三) 低效林改造措施

1. 人工林的低效林改造

(1) 重新造林。重新造林主要适用于因造林树种选择不当形成的低效林。改造时根据“适地适树”的原则，全部或者部分地伐除原有的树木，然后选择适合该立地条件的树种重新造林。如在东北西部地区的沙地、黑钙土和栗钙土地区形成的杨树“小老头”林，在改造时，可以全部伐除原有的杨树，选择对干旱适应能力强，根系具有一定穿插能力的樟子松进行重新造林，就可以获得较好的效果。

（2）补植。补植主要适用于造林成活率和保存率较低，或经人为破坏形成的疏林。原林分虽保留密度较低，但保留的树木生长良好。此时可通过补植，提高林分密度，达到提高单位面积产量的目的。可根据保存目的树种的分布现状确定补植方法，当现有树种在林地上分布均匀时，可采用均匀补植。当现有树种呈群团状分布时，可在林中空地或林窗进行局部补植。

（3）抚育间伐。抚育间伐主要适用于因造林密度过大，未及时进行抚育间伐形成的低效林。对于这类低效林要尽快地调整密度，进行改造。目前在我国“三北”地区的大量杨树人工林，以及东北和华北地区的大量落叶松等人工林，其中不少因林分密度过大，导致生长下降。如果在树木生长高峰期尚未过去的阶段进行改造，可以采用抚育为主，均匀间伐的方法，通过“留优去劣”，使林分保持合理的密度，促进保留木的生长和成材。如果树木生长高峰期已过，可以采用带状或群状间伐，在林分中呈带状或群状伐除一部分原有林木，然后在采伐带和林隙内栽植其他树种。同时对保留带和林隙周围过密的林木进行疏伐。保留的树木因疏伐生长得到促进，栽植的幼树经过若干年后形成新的林分。

（4）复壮。复壮主要适用于造林后未及时抚育，或抚育管理粗放导致的低效林。这类林分经过补救的抚育措施，及时进行抚育，可使林分恢复正常生长。常采取的补救性抚育措施如下。① 松土除杂：主要适用于土壤条件较差，杂草灌木丛生，生长不良的幼龄林分，通过松土除草，促进林木生长。② 间种绿肥植物或施肥：适用于土壤贫瘠，肥力低引起生长降低的林分。在林分行间间种绿肥植物，然后结合深翻土壤将其翻入土壤中，增加土壤有机质和营养含量，促进林木生长；在干旱地区有灌溉条件的情况下，也可以结合灌溉，对林地进行施肥。③ 平茬复壮：适用于因人畜等危害导致生长不良，而树种具有较强萌生能力的林分，通过平茬，新萌生的主干可较大幅度地提高生长速度。除上述三种方法外，还可以根据具体情况采用林粮间作等措施。加强抚育管理，促进低效林转变成生长正常的林分。

2. 天然林的低效林改造

（1）全面改造。全面改造主要适用于非目的树种占优势，无培育前途的残破林分：林木多代萌生，多数个体干形不良，病虫危害严重，难以成材的林分。这类林分通过全面采伐，更换树种，才能使土地生产潜力得到充分发挥。在改造时，将林地上的林木呈片状伐除，但保留目的树种幼树，伐后在迹地上全面造林。造林树种的选择要考虑林分演替规律，尽量栽植群落演替的后期树种。如有天然更新幼苗时，也可以利用天然更新，形成人工天然混交林。每次采伐的片状面积最大不能超过5 hm^2。这种改造方法由于每次采伐面积较大，容易导致水土流失。因此，在地形平坦、林分恢复较快的地方才适合采用此方法。

（2）带状改造。带状改造主要适用于非目的树种占优势，无培育前途的残破林分；或目的树种占优势，但目的树种个体干形不良，生长较差，难以成材的林分。在山地条件下，因受地形限制，采用大面积片状采伐容易产生水土流失的地块，可采用此种改造方法。在改造时，先在被改造的林地上，间隔一定距离，呈带状伐除全部林木。然后在采伐带内进行造林，等新造林带内的幼林郁闭后，再将保留带上的林木全部采伐，进行造林。带状改造与全面改造比较，改变森林环境较小，保留带边缘的林木，由于增加了侧方关照，产生边行优势，林木生长得到促进。该法在生产上得到了较为普遍的应用。

带状改造的采伐带宽度，可根据林地条件确定。通常采伐带可采用2~20 m宽度，采伐比例用采伐带宽度和保留带宽度之比计算，一般采用1∶1的比例（即采伐带和保留带等宽）进行改造。

（3）群团状改造。群团状改造主要适用于目的树种在林分中占有一定的比例，但在林地上分布不均，或者林分郁闭度较大，但目的树种不占优势的低效林。上述林分改造时，可首先结合目的树种的分布，呈群团状伐去非目的树种，对保留的目的树种进行抚育，然后在采伐形成的团块内造林。如果要改造的林分稀疏，目的树种在林地上分布不均，则可直接清除林间空地的灌木和杂草，然后呈团块状造林。新造树种的选择还要考虑演替规律，尽量选择演替后期树种，加快演替进程，使林分的结构和功能尽快得到恢复。

（4）均匀采伐。均匀采伐主要适用于目的树种在林分中占有较高的比例，且在林地上分布均匀，但密度又达不到规定要求的林分。这类林分进行改造时，分两种情况进行。①如果在林分中混生有一定比例的非目的树种，应在改造时，清除林内少量生长较差的非目的树种，同时清除灌木和杂草，然后在林冠下造林。

②如果林分中没有非目的树种混生，则直接清除林冠下的灌木和杂草，然后在林冠下造林。造林时要充分利用林下已有的天然更新幼苗和幼树，采用“见缝插针”的方式进行栽植。造林若干年后，新林接近郁闭，需光量增加，上层的林木开始抑制新林生长，此时要及时伐去上层林冠。这种改造方法如果造林树种选择得当，林分可尽快得到恢复。

次生林改造进行造林时，除应遵循适地适树等造林的基本原则外，还应注意新造树种对光的需求特性，以及和原有树种之间的相互关系。如在林冠下进行造林，就应采用耐阴树种。如新造树种与保留树种之间具有共同的病虫害或者他感作用，则要改用其他树种。

二、封山育林

（一）封山育林的特点

与人工造林相比，封山育林成本低，绿化速度快，利用期早、收效快，有利于保护物种资源，减少森林病虫害，改善生态环境，技术简单、投资少、进度快，易形成结构合理的植物群落，是植被恢复的有效途径。

1. 成本低

原来的疏林地、灌丛地、灌木林地、具备封育条件的荒山荒地等，经过5~10年的封育，大多可成为有林地，封育成本仅为人工造林的1/10~1/5。

2. 绿化速度快

很多山区或半山区人力、资金短缺，封山育林可加快绿化速度。一般有封育条件的地方，经过封禁培育，南方地区少则3~5年，多则8~10年，北方和西南高山地区10~15年，就可郁闭成林，绿化荒山。

3. 利用期早、收效快

封山育林地多是10年以上的中幼林或3~5年的幼苗幼树，比新造林成林早得多，产生效益快。

4. 有利于保护物种资源

育林不破坏植被，既可保护原有的树种资源，又能形成混交林，是保护珍稀树种和生物多样性的重要途径，还适于多种鸟类和动物的栖息繁衍。

5. **减少森林病虫害**

由于林分结构、林内气候改善，有利于天敌繁殖，不利于病虫滋生发展，特别是对控制分布较广的虫害有重要作用，以保持森林生态系统的稳定性。

6. **改善生态环境**

封育起来的林分多为多树种的复层混交林，植被种类丰富，林分结构良好，其涵养水源、改良土壤、保持水土的功能大大增强。

7. **技术简单**

省去了大量的育苗、运输、栽植和幼苗管理工序。

8. **投资少、进度快**

封山育林具有投资少特点，无论多大面积，几乎都可同时进行，加快了绿化进度。

（二）封山育林的作用

1. **影响区域景观格局变化过程**

长期封山育林后，景观要素类型的主要变化是斑块破碎、消失、合并、扩大或缩小；斑块形状趋于规则；森林岛数目增加，总面积加大，形状指数降低；灌草群落向灌木林、天然林等转化；裸岩优势度值下降，总面积减小；幼龄林形成近熟林，疏林形成密林，散生林形成疏林或密林，灌木林地和宜林荒山经人为造林措施形成人工林。这反映了封山育林对景观格局的影响及过程，表现出长期封山育林使景观森林化这一必然趋势。

2. **增加森林植被覆盖**

保护母树，促进天然更新，可促进灌草群落、天然林地向天然林的转化；同时，通过人工补植或补播等措施，使林分郁闭度明显提高，灌草盖度明显增加，森林覆被率显著增加，有利于水土保持。

3. **促进生物多样性保护**

封山育林阻止了人类对林地植被的破坏，为物种创造了休养生息的机会，因此可显著提高生物多样性。灌木和草本植物在封育初期即可迅速恢复，个体数和种数均明显增加。乔木树种在较短时期内种数增加，长期封山育林后群落演替趋向顶极阶段，地带性树种占据优势。此外，封山育林区鸟类、昆虫和其他动物的种类和个体数均随封育时间的延长逐渐增加。

4. 对森林病虫害发生的控制作用

封山育林保护了森林植被，可促使林冠尽快郁闭，早日形成稳定的混交森林环境，进一步提高害虫天敌的寄生率，因而对森林病虫害的控制作用更加强烈。

5. 对土壤改良与维持地力的作用

经过封山育林，林地的枯落物得到保护并不断积累；枯落物腐烂分解后能形成有机质，可显著提高土壤肥力。枯落物的养分贮量、年枯落物养分含量、枯落物年分解率、土壤腐殖质中胡敏酸量与富里酸量的比值等，均呈现出随演替进展方向而增高的趋势。

6. 提高森林的水土保持能力

封山育林使植被恢复，增加了枯落物贮量，改变了土壤结构状况，增强了林分的水源涵养和水土保持作用。此外，封山培育的森林多为混交复层群落，其根系也在地下组成立体结构，能充分利用不同土层中的水分和养分，提高了森林的水土保持能力。

7. 促进森林演替与天然更新

通过封山育林，最终可形成当地环境条件下多种植物组成的顶极群落或稳定性较强的混交次生林。由于封山育林顺应植物正向演替规律，植物（森林）在环境作用下，经过长期适应和物竞天择，都能形成一定的顶极群落，至少可恢复到多树种混交的次生林；在深山、远山还可能恢复到顶极群落。

封山育林对更新种源的质量、苗木和林木生长状况也有明显影响，表现为种子的千粒重、发芽率、发芽势、后期苗木生长势均以封禁年限较长的林分中的林木种子为高。此外，相同年龄林分，依靠封山育林比依靠人工直播培育在树高、地径生长上也具有显著优势。

（三）封山育林的措施

1. 封山育林的条件与对象

封山育林应具备两个基本条件：一是自然条件，封山育林地应具备更新潜力，林地内有母树均匀分布，或有萌芽的伐根，或有生长好的幼苗，或可飞播或飞籽下种等；二是社会条件，封山育林应在人少、交通不便的地方实施，防止人为干扰。根据保持水土、涵养水源、防洪固沙等方面的作用及经济利益，选择迫切需要恢复的森林，而且封山后能依靠天然下种和伐根萌芽恢复成林的山地作为封山育林对象。主要包括：① 名胜古迹、自然保护区、森林公园辖区范围内的林业用地；② 列入天然林保护工程实施方案的无林地、疏林地、灌木林地；③ 现有郁闭度在0.2~0.5，树种单一，结构简单，效益低下，主导功能目标不明确的低质低效人工林和群落结构遭受严重破坏的天然次生林；④ 过陡的山坡、岩石裸露或植被一旦遭到破坏就难以恢复的林地。

2. 封山育林的类型

（1）按照培育目的和目的树种比例划分。按照培育目的和目的树种比例，可划分为五种类型：① 乔木型因人为干扰而形成的疏林地和在乔木适宜生长区域内，达到封育条件且乔木树种的母树、幼树、幼苗、根株占优势的无立木林地、宜林地；② 乔灌型其他疏林地和在乔木适宜生长区域内，符合封育条件但乔木树种的母树、幼树、幼苗、根株不占优势的无立木林地、宜林地；③ 灌木型乔木适宜生长上限，符合封育条件的无立木林地、宜林地；④ 灌草型立地条件恶劣，如高山、陡坡、岩石裸露、沙地或干旱地区的宜林地段；⑤ 竹林型符合毛竹、丛生竹或杂竹封育条件的地块。

（2）按照封育方法划分。为了使封、造和管有机结合，因地制宜进行封山育林，可将封育林区划分为以下三种类型。

第一，封禁类型天然（次生）植被生长状况较好，地块比较偏远，人和牲畜活动难以到达的地块；坡度较大，有一定的灌木且人工造林（补植）比较困难的地块划分封禁类型。封禁类型因受自然条件限制，无法进行人工干预，对其实施封禁管护，避免任何人为干扰，让其自然地恢复为森林。

第二，封育类型母树、幼树、幼苗的数量能达到自然更新目的且分布均匀的地块，或立地条件较差、人工造林比较困难、有一定灌木覆盖的地块划分为封育类型。封育类型通过人为措施培育保护母树、幼树、幼苗，促进母树下种结实和幼树、幼苗生长，促进林分提早郁闭。

第三，封造类型立地条件好，植被稀少，缺乏母树和幼树、幼苗的地段划分为封造类型。次类型依靠天然更新比较困难，通过人工造林措施，在不破坏原有植被条件下进行补植、补种，以期迅速提高植被盖度。

3. 封山育林的方式

根据不同的封育目的和当地的自然、社会、经济条件，封山育林分为以下三种方式。

（1）全封。全封（死封）即在较长时间内（一般3~5年或8~10年），将封山育林区彻底封闭，禁止除实施育林措施以外的各种生产、生活活动。全封适合于人烟稀少的边远地区、高山，水源涵养区，防风固沙林和风景林，水土流失严重和恢复植被较为困难的地区。

采取全封方法，必须经过调查研究，区划出若干地段，作为当地居民必需的生产生活基地。具体做法如下。一是设置围栏。在牲畜活动频繁的地区，采用刺丝、石料垒墙，开沟挖壕等方法设置机械围栏，或栽植有刺乔、灌木设置生物围栏，进行围封。二是设置标志。在封禁区的周边明显处，如主要山口、沟口、河流交叉点、主要交通路口等，树立永久性标牌、立牌公示。三是人工巡护。根据封护面积和人畜危害程度，设专职或兼职护林员进行巡护，必要时可在沟口和林区要道设卡。

（2）半封。半封（活封）即将封山育林区封闭起来，平时禁止入山，到一定季节（一般为休眠期）开山，在保证林木不受损害，不影响森林植被恢复的前提下，有计划组织采樵、放牧和副业生产等多种经营活动。半封适用于封育用材林、薪炭林等，既有利于育林，也照顾了山区村民的经济利益，适用于人烟稠密的近山、低山。在封育用材林、薪炭林，以及有一定目的树种生长良好，林木覆盖度较大的地区小班内可实行半封。

（3）轮封。轮封即将具备封山育林条件的地方，分区划片轮流进行全封或者半封。在不影响育林和水土保持的前提下，根据当地居民需要，在开封的地段有计划地组织各种生产、生活活动，从而达到恢复植被的目的，适用于培育薪炭林。轮封间隔期一般为2~3年或3~5年。

无论全封、半封还是轮封，在封山育林期间，禁止任何单位或者个人在封山育林区从事下列活动：非抚育性修枝、采种、采脂、掘根、剥树皮及其他毁林活动；吸烟、燃放烟花爆竹、烧荒、烧香、烧纸、野炊及其他易引起火灾的野外用火；放牧或者散放牲畜；猎捕野生动物、采挖树木或者采集野生植物；开垦、采石（矿）、采砂、采土；擅自移动或者毁坏封山育林标牌、界桩及其他管理设施；其他破坏封山育林的活动。

4. 封山育林的时限

根据立地条件，母树、幼苗、幼树等情况，可按以下类型确定相应的封育年限：乔木型，6~8年；乔灌型，5~7年；灌木型，4~5年；灌草型，2~4年。

第三节　农林复合经营及其发展

一、农林复合经营的概念

农林复合经营，又称为复合农林业、农用林业、林农间作、混农林业等，是指为了一定的经营目的，在综合考虑社会、经济和生态因素的前提下，在同一土地经营单元上，遵循生态学原理，以生态经济学为指导，有目的地将林业与农业（包括牧业、渔业）有机地结合起来，在空间上按一定的时序安排以多种方式配置在一起，并进行统一、有序管理的土地利用系统的集合。它是一种充分利用自然力的劳动密集型集约经营方式，具有复合性、系统性、集约性、高效性、尺度的灵活性等特征。由于农林复合经营是把林业与农业结合在一起组成一个生态系统，故又称为农林复合生态系统。农林复合经营利用不同类型生态系统间的边缘效应和因子互补原理，将传统农业与现代农业结合、自然生态与人工生态结合，充分发挥了各种资源的生产潜力，协调农林争地矛盾，对于实现多资源开发利用，提高土地利用率、增加粮食产量、提高农业生产综合效益，增加农民经济收入、调整农业产业结构以及保护森林资源、改善生态环境、维持生态平衡等都有着重要的现实意义，促进了农业、林业的协同发展，最终实现“农业养育人类，森林保护农业”的循环发展。

二、农林复合经营的类型

（一）农-林复合型

农-林复合型是农林复合经营的传统模式，是指在同一土地单位上将林木和农作物相结合种植的经营模式。其中的林木具有生产性、保护性双重作用，此模式较适应于树木生长前期。根据不同组成的比重，又可将农-林复合型分为以林为主、以农为主、农林并举三种经营模式。常见的形式有林农间作型、绿篱型、农田林网型等。林农间作型是一种最常见的农林复合经营形式，根据种植结构的不同，或以林为主，或以农为主，或农林并举，既增加了经济收入，又提高了林地的生产力。采用的树种主要是杉类、栎类、杨树、杜仲、核桃、油桐、香椿、桑树、苹果、梨、桃等，林下因地制宜间种低秆的农作物或经济作物，如水稻、小麦、豆类、西瓜、花生、马铃薯等。绿篱型主要起保护、美化的作用，兼具一定的经济收益。绿篱植物一般具有适应性强、萌蘖力强、耐修剪、适宜密植、易繁殖、抗性强等特点，如在果园、瓜园周围种植火棘、枸骨、枸橘、蔷薇等。农田林网型主要起防风固沙、涵养水源、改善农区生态环境、保障农业生产的作用，而且能带来木材和林副产品（饲料、果树、中药材、工业原料等）的直接经济效益。

（二）林-牧（渔）复合型

林-牧（渔）复合型是指在同一经营单位的土地上将林业与牧业或渔业相结合的经营模式。常见的形式有林牧间作型、牧场饲料绿篱型、林渔结合型等。林牧间作型是在牧场或生产牧草的草场上间作某些用材或经济林木。牧场饲料绿篱型是指在牧场周围营造绿篱，一方面起到围栏和防护作用，另一方面大部分绿篱树木还可以提供一定数量的饲料。林渔结合型是在鱼池周围种植林木，既起护堤作用，同时又可为鱼类提供部分饲料。林中空间范围较大，冬暖夏凉，草叶鲜嫩，虫类资源也十分丰富，适于养殖牲畜家禽等，禽畜留下的粪便也利于提高土壤肥力，促进林木生长。以保护和培育森林为前提，通过适当发展养殖业，可收到较好的经济效益，林牧结合是促进和发展生产及增加收入的一个重要途径，在全国各地均得到了积极的应用。养殖的家禽体形健壮、肉美蛋香、营养丰富，绿色无公害，深受消费者喜爱。多数林区内都有林中的河流、水坑、水塘等，一般水质均较好，可用网箱或铁丝网进行截流，大范围养鱼，经济效益很好。

（三）林-农-牧（渔）复合型

林-农-牧（渔）复合型经营在我国比较普遍，形式各异，经济效益可观，如在江苏里下河地区发展的“滩地上开沟作垛，垛面栽树，林下间作农作物，沟内养鱼和种植水生作物”模式。一般可分为林-农-牧多层种植型、由林-农型转变为林-牧型、林-农-牧庭园兼营型等形式。林-农-牧多层种植型是指在退耕还林的结构上，采用乔、灌、草相结合的措施，上层为乔木，下层是草场供放牧。由林-农型转变为林-牧型是指在早期为林农型，当树木逐渐长大，树冠逐步扩展，林下的农作物逐渐生长不好，而改种牧草或放牧。林-农-牧庭园兼营型是指农户在房前房后种植树木，或是挖塘种藕、养鱼，院内种果蔬，果树下养畜禽等。

（四）特种农林复合型

特种农林复合型经营是以生产特种产品为目的的模式，由林木混交型、林-药间作型、林-食用菌结合型、林木-资源昆虫结合型等复合系统组成。林木混交型是指用材林和经济林混交或经济林树种混交，如香樟与茶树混交、香椿与花椒混交等；林-药间作型指在已郁闭成林的林冠下土地上，种植各种药用植物，药材品种主要有芍药、桔梗、麦冬、白术、贡菊、五味子、党参、金银花、板蓝根等，既有利于改良土壤，增加肥力，促进林木生长，又能获得较好的经济效益。林-食用菌结合型是指在林内栽种竹荪、茯苓、黑木耳、鸡腿菇、金针菇、蘑菇等，不但成本低，而且经济效益较高。林木-资源昆虫结合型是指在林内养殖蜜蜂、白蜡等资源昆虫，在得到农产品、林产品的同时，还能得到蜂蜜等副产品。

三、我国农林复合经营的研究进展

当前社会经济飞速发展，我国的农林复合经营系统在总结历史经验的基础上，结合当前发达的科学技术发展，有效地利用土地和生产技术，在逐步由定性研究向定量研究转变，从单一模式的定量研究向多模式系统化的定量研究发展。彭方仁等以海岸带复合农林系统的植物种群的光环境为研究对象，研究了银杏采叶园、银杏材-农复合园和银杏果-叶-农复合园三种模式内植物种群对光能的截获率，发现银杏果-叶-农复合园具有最好的复合光效益，光能截获率高达92%。

四、我国农林复合经营的问题及对策展望

农林复合经营在生态环境的保护中发挥着至关重要的作用，世界各国对这种经营模式的效益也给予高度的关注，作为一种对土地进行有效地可持续发展利用的模式，农林复合经营在我国各地区也得到了普遍应用和具体实施。但从整体角度来看，类型较为单一，理论研究相对落后于实践，未能给出良好的指导作用。农民往往只根据市场需求种植农作物，一些地区发展较好的模型，不一定适合其他地区。对于如何经营管理农林复合生态系统的研究较少，未能很好地发挥农林复合生态系统的优势。

我国要积极深入研究农林复合经营的关键性问题，例如基础理论、病虫害防治等，增强科技支撑力，转变研究的方式方法，运用多学科、跨领域、多部门之间的渗透和联合，实现教育、研究、推广、生产一体化，为可持续发展提供坚实的科学依据。

第四节　林业生态工程与森林培育

一、林业生态工程概述

（一）林业生态工程的基本概念

1. 林业生态工程的内涵

生态工程是根据整体、协调、循环、再生生态控制论原理，系统设计、规划、调控人工生态系统的结构要素、工艺流程、信息反馈、控制机构，在系统范

围内获取高的经济和生态效益，着眼于生态系统持续发展能力的整合工程和技术。

各行各业生态工程建设的主要类型为农业生态工程、林业生态工程、渔业生态工程、牧业生态工程等。

林业生态工程就是为了保护、改善和持续利用自然资源和生态环境，提高人们的生产、生活和生存质量，促进国民经济发展和社会全面进步，根据生态学、林学及生态控制理论，设计、建造与调控以森林植被为主体的复合生态系统。

2. 林业生态工程的外延

规范的林业生态工程应有全面的工程规划，有明确的工程建设规模、工程区域范围、投入资金和建设期限等内容，在施工过程中或竣工以后有相应的检查验收和监督体系来确保工程的数量和质量。其他项目计划，如人与生物圈计划（MAB）、国际地圈生物圈计划（IGBP）、热带林行动计划等，虽然也具有林业生态工程的某些特征，但严格来讲不属于本章的林业生态工程范畴。

我国的林业重点工程基本上都是林业生态工程。目前，我国正在实施的与森林培育密切相关的重点林业生态工程有：天然林保护工程、退耕还林工程、三北防护林体系、长江流域防护林体系、珠江流域防护林体系、沿海防护林体系、平原绿化工程、太行山绿化工程、京津风沙源治理工程等。同时，能源林、碳汇林、城市森林、风景游憩林已成为当前森林培育的热点问题。

按建设目的不同，林业生态工程主要分为以下类型：山丘区林业生态工程，主要是保护、改善山丘区水土资源；平原区林业生态工程，主要是减轻冷热风对农作物的伤害，改善平原景观；风沙区林业生态工程，主要是防治风沙对农作物、人们生命财产的破坏；沿海区林业生态工程，主要是减少台风、暴雨、海啸对人们生产生活的破坏；城市林业生态工程，主要是改善城市环境质量，为人们提供良好的环境；水源区林业生态工程，主要是涵养水源，减轻洪涝灾害；复合农林业生态工程，主要是实现自然界水分、养分、阳光等物质、能量的时间空间最佳利用；自然保护林业生态工程，主要是保护物种资源，提高生物多样性。

（二）林业生态工程的工程管理

1. 工程项目管理程序

（1）项目建议书阶段。项目建议书是要求建设某一项目的建议文件，由政府林业主管部门、林业企事业单位向国家计划部门、林业主管等部门提出。项目建议书一般由申报单位（建设单位）负责编制，或委托有资质的林业勘察设计（调查规划）和工程咨询单位协助共同编制。其主要内容包括：总论，项目背景及建设的必要性，项目区基本情况，项目总体布局、建设内容及规模，投资估算与资金筹措，效益分析与评价，项目组织管理与保障措施，结论与建议。

（2）可行性研究阶段。项目建议书被上级主管部门批准后，进行可行性研究文件的编制，供上级主管部门决策、审批。可行性研究文件由建设单位委托给有相应资质等级的林业勘察设计（调查规划）或工程咨询单位编制。可行性研究报告的主要内容包括：总论、项目背景及建设必要性、建设条件分析、建设方案、项目组织与经营管理、项目建设进度、投资估算与资金筹措、效益分析与评价、项目建设保障措施。

（3）总体设计阶段（相当于初步设计）。可行性研究报告批复后，按批文要求进行总体设计。通过对设计对象做出基本技术规定，编制项目的总概算。总体设计文件必须由建设单位委托给具有相应资质的林业勘察设计（调查规划）单位负责编制。总体设计说明书的主要内容包括基本情况、经营区划、项目布局与规模、营造林设计、森林保护设计、基础设施建设工程设计、项目经营管理、投资概算与资金筹措、效益分析与评价。

（4）作业设计阶段（相当于施工设计）。建设单位根据批复的总体设计文件组织编制作业设计文件，以指导建设项目施工作业。作业设计的范围必须明确，符合总体设计确定的经营管理单位。小班区划转绘、面积核实测算符合精度要求，小班套入的立地类型、造林类型和森林经营类型准确。各项技术设计、施工作业顺序时间、劳动安排科学合理。重点突出小班营造林设计图，设计图图例规范，标注的内容清楚，比例尺适当，方便施工。

（5）施工阶段。依据施工图计算的工程量与投资额，通过招标或委托的方式选择有相应资质等级的施工单位，组织项目的施工活动。项目法人或者委托监理公司对投标单位进行资质审查，对施工组织方案、质量保障措施体系、人员上岗资质、安全措施等进行审核并提出意见和建议，规划设计单位对施工单位进行技术交底。

（6）竣工验收阶段。工程验收的过程一般要在施工单位自检、监理公司检查和甲方及设计单位对造林工程的实施状况进行检查后，由各方提出施工质量评估意见，才能最后向主管部门提交验收申请报告。工程竣工验收应当具备下列条件：完成工程设计和合同约定的各项内容；有完整的技术档案和施工管理资料；有工程使用的主要材料的进场验收报告；有规划、设计、施工、工程监理等单位分别签署的质量合格文件；有施工单位签署的工程保修书。

（7）后评价阶段。在工程项目运营若干年后，还要对实际产生的结果进行事后评价，以确定工程项目目标是否真正达到，从中吸取经验教训，供将来实施类似项目时借鉴。后评价一般按三个层次组织实施，即项目法人的自我评价、项目行业的评价、计划部门（或主要投资方）的评价。重点是生态环境影响评价；经济效益评价，对项目投资、国民经济效益、财务效益、技术进步和规模效益等进行评价；过程评价，对项目立项、设计、施工管理、竣工投产、生产运营等全过程进行评价。

2. **工程项目管理内容**

（1）程序管理。工程造林按国家基本建设程序进行管理，同时必须与当前林业机构、人员技术素质和生产水平相适应。考虑到以下几方面：工程造林要求人、财、物、技术力量相对集中，造林面积相对集中连片，并有一定的规模限制；要把组成造林的各个工序，如育苗、预整地、栽植、幼林抚育管理等作为一个整体进行统一安排、统一规划、统一管理；规划、设计、施工、检查验收、相关文件等按隶属关系建立技术档案。

（2）质量管理。质量管理主要涉及规划设计和施工两个环节。规划设计的审批是一般省级林业厅局对各县（市、区）的计划执行情况的宏观控制，要求作业面积落实到具体林场和具体地块，一经批复一般不准更改，如果工程变更超过一定范围，就要重新进行项目论证。施工的质量管理主要由项目法人实施，林业主管单位监督、检查。

（3）技术管理。技术管理主要涉及严格的技术规范、规划设计水平和施工技术水平。内容包括：实行责任合同制，项目主持人、技术负责人和施工质量负责人要分别承担合同中规定的经济和技术责任；开展工程造林的各种培训，提高基层的规划设计和施工技术指导水平；建立技术档案，要以小班为单位，及时、准确、客观地填写。

（4）验收管理。一般在造林后第3年进行造林工程验收。核实造林面积、平均成活率和施工质量合格率。但是每年要对当年的施工质量按照验收管理办法逐地块检查验收，如有质量问题要及时传达到施工单位进行整改，对需补栽的，在当年或第2年一次性完成。

（5）资金管理。资金管理实行报账制，确保资金使用效益。通过资金这条线，把工程实施、财务管理、质量监督等环节有机地结合起来，防止资金损失。

（6）档案管理。从工程造林项目的确定开始，直到总体规划设计，作业施工设计、造林施工、幼林抚育、造林检查验收及工程的竣工，整个工程过程均应建立健全的档案管理制度和管理办法。

（7）引入监理制度。由监理工程师针对具体的工程项目，依据有关法规和林业技术标准，综合运用法律、经济和行政手段，对林业工程项目参与者的行为及其责权进行必要的监督管理和组织协调。

二、天然林保护工程

（一）天然林保护工程启动背景

天然林资源是中国森林资源的主体，加强天然林资源的保护，对保护生物多样性、维护国土生态安全、促进经济社会可持续发展具有十分重要的作用。长期以来，东北、内蒙古国有林区和长江上游、黄河上中游地区，在为国家建设和人民生活提供大量木材的同时，天然林资源锐减，生态环境不断恶化。仅长江上游、黄河上中游地区，每年因水土流失进入长江、黄河的泥沙量就达 2×10^{12} kg，导致下游江河湖库日益淤积抬高，水患不断加重，严重影响人民群众的生产和生活。1998年特大洪涝灾害后，针对我国天然林资源过度消耗而引起的生态环境恶化的实际，党中央、国务院从我国社会经济可持续发展的战略高度，做出了实施天然林资源保护工程的重大决策。

（二）天然林保护工程中的森林培育问题

1. 保护与采伐的关系问题

森林资源具有珍贵性、脆弱性和多样性特点，所以天然林保护的政策应坚持坚定性和灵活性相结合。然而，目前一些地方乱砍滥伐、乱征滥占时有发生，而许多地方对所有森林一律禁伐。禁伐先行，提供休养生息的机会，在一个时期内是完全必要的。但是森林是可更新资源，中国对木材和林产品的需求很大，要把占全国森林资源 2/3 的天然林资源排除在可利用范围之外，是不必要的。森林采伐利用不一定与其生态功能相矛盾，关键在于利用的数量、方法和技术是否适当。如果采伐利用的数量上节制，伐后保证及时和有效更新，那么森林保护和利用是可以协调和兼顾的。

以西天山天然云杉林保护区为例，当地严格执行了天然林禁伐政策，雪岭云杉长得高大挺拔，但林下风倒木没有及时清理，林中空地没有及时更新，只有牛粪没有幼树，林牧矛盾没有得到合理解决。这样单纯保护的后果只能是老林木按自然规律逐渐死去，没有幼树接替，前景堪忧。又如，陕北黄龙林区是黄土高原上的一块“绿宝石”，实施天然林保护（天保）工程后，反而把本来很有效的林分改造工作停下来，这也是单纯禁伐思想的后遗症。为了发挥森林的功能，需要对其培育，主要是更新造林、病虫害防治和林分结构改造等，包括抚育伐、卫生伐、次生林改造中的部分树木秋伐等活动。

同时，要建立人工商品林抚育采伐管理体系。根据林分生长状况、分化程度及外貌特征，合理确定抚育方式、间隔期及采伐强度。坚持伐劣留优的原则，杜绝单纯取材的现象。只有通过对森林的适时抚育，才能使幼林郁闭至采伐前 1 个龄级的各类林分的树种组成、干材质量、疏密程度和生长状况等因子，朝着可持续经营的方向发展。

2. 天然林的可持续经营问题

天然林保护的目的是储备更多更好的森林资源，更好地发挥森林的多种功能，产生更好的综合效益，这就要求对森林进行科学地可持续经营。开展森林的科学经营，使森林越来越多、越来越好，其核心是提高生产力和生物多样性。应把营林工作的重点转移到以提高森林生产力为中心的基础上，以提高森林质量和生产力水平为中心。要提倡良种化，自然力的利用与人为措施要相互配合，纯林和混交林、同龄林和异龄林的经营要各得其所，要确定多种效益相协调的经营目标，要树立全周期、多目标森林培育的思想。要按照森林的主导功能进行全面综合规划，调整树种、林种和生态系统结构，逐步实施分类经营。通过森林生态系统管理的手段，发展、培育和利用森林资源，逐步实现森林的可持续经营。

积极探索与构建森林分类经营管理政策，主要包括：完善森林分类经营政策法规，建立相应的管理办法；分类控制采伐限额，应对工程区大面积中幼龄人工林的抚育间伐；森林资源经营管理突破以往林分的局限，从生态系统和景观尺度进行规划设计和经营。

3. **天保工程的三大效益协调问题**

森林的效益是多方面的，生态效益固然重要，但只强调生态效益，不注重经济效益和社会效益也是片面的。生态效益与经济效益可以兼顾，相互促进。过去由于采用了不科学的森林经营方式，发展经济而损害了森林的生态功能，需要加以纠正。被破坏的森林需要休养生息，充分利用森林生态系统的自然恢复能力，这是必要的。但森林恢复的目的是使其更好地发挥作用。

我国的东北、内蒙古林区是自然条件相当优越的林区，从自然禀赋上看，并不比北欧林区差。我国的东北、内蒙古林区，大兴安岭与芬兰林区比，小兴安岭—长白山林区与瑞典林区比，自然条件更有优势。北欧是森林资源经营较好的地区，我国的森林经营水平、林区对国民经济的贡献与其相比有一定差距。关键在于长期、科学地经营。应该认清目标，创造条件，开展试验，勇于实践，通过森林经营和培育手段处理好天然林保护工程建设中的生态效益与经济效益、社会效益的关系。

三、退耕还林工程

（一）退耕还林的解读

退耕还林是从保护和改善生态状况角度出发，将水土流失严重的耕地，沙化、盐碱化、石漠化严重的耕地及粮食产量低而不稳的耕地，有计划、有步骤地停止耕种，因地制宜地造林种草，恢复植被。退耕还林是减少水土流失、减轻风沙灾害、改善生态状况的有效措施，是增加农民收入、调整农村产业结构、促进地方经济发展的有效途径，是西部大开发的根本和切入点。

（二）退耕还林工程建设中的森林培育问题

1. 还林还草的选向问题

退耕还林工程在“还”的环节上最突出的问题是退耕后如何进行植被建设：还林还是还草，还什么林，还什么草，采用什么手段还林还草，这些都是科技和政策导向上的大问题。不少地方不可能全部还林，退耕地大面积种草存在复垦的隐患。人工种植的牧草一般难以形成稳定的生态系统，同时草的生长周期较短，寿命最高7~8年，粮款补助停止后，如果没有适当的行政、经济和法律保障措施，1个生长周期以后，草场面临复垦的危险，无法达到退耕还林工程的目的。

退耕还林的目标是“以粮食换生态”，因此退耕后还林还是还草，首先要用生态标准来衡量。森林与草地都是主要的植被类型，从生态功能的角度看，它们各有优缺点。森林的体量大、寿命长、结构复杂，生态功能较强，但对气候和土壤条件要求较高。草地体量较小，层次结构单一，一般生态功能不如森林，但生长密集繁茂的草地也有较好的保土护土功能。旱生草原的耗水量较森林少，较适应干旱的地理环境。因此，退耕后还林还是还草，需要根据当地的自然条件、社会需求及适应的植被类型做具体的分析。退耕还林要因地制宜，这是一条基本原则。退耕还林也与地区的社会经济状况，如人口密度、城镇化水平、产业发展基础、种苗准备状况等有关。

2. 林种配置问题

林种配置问题就是如何进行林种布局，以实现生态与经济效益“双赢”。从国家宏观要求上看，退耕还林应以营造生态林为主，但人们偏重于营造经济林，因为其能直接带来经济收益，贫困地区人们更关心的是退耕还林能给眼前带来的经济收入。在试点工作中，普遍存在退耕户发展经济林的积极性很高，但发展生态林的积极性较低的问题。这主要是由于实施退耕还林的地区大多数经济欠发达，农民脱贫致富和增收的愿望十分迫切。国家实施退耕还林的根本目的在于控制水土流失、减少风沙危害，同时兼顾农民增收。从现实情况看，营造生态林比例过大，难以解决农民退耕后的增加收入和后续发展问题。“稳得住、能致富、不反弹”的目标难以实现。发展经济林比例过大，容易陷入盲目发展、果贱伤农的误区。

要根据实际立地条件，充分考虑生态效益与经济效益的结合，进行科学的林种布局。海拔 400 m 以下的地区，一般人口密度大，是粮食主产区也是水土流失严重的地区，宜选择“基础型”的退耕还林模式，主要营造护坡护岸林和水果经济林；海拔 400~1000 m 的中低山区，一般土、肥、光、水、气条件较好，可选择“生态经济型”退耕还林模式，山顶营造生态林或用材林，半山发展干果为主的经济林，山脚营造生态防护林。海拔 1000 m 以上的地区，一般人少地多，宜选择“综合型”退耕还林模式，大面积营造用材林、薪炭林和水源涵养林，可规划一定的面积用于种植优质牧草或药材，以林为主，种养结合。

3. 树种选择问题

如何做到既有良好的生态效果，又能带来经济收入，是退耕还林树种配置的首要问题。要因地制宜，按乔木、灌木、草本的优先顺序，提倡宜乔则乔、宜灌则灌、宜草则草、乔灌草结合，最大限度地发挥生态效益，兼顾退耕户的经济收益。干旱地区大力发展耐旱灌木树种，有利于提高造林成活率，加快绿化步伐，确保工程建设目标的实现。

要以恢复原生植被为主，发展乡土树种。乡土树种更适于当地的生境，其繁殖和传播潜力更大，也更易于与当地残存的天然群落结合成更大的景观单元，从而实现各类生物的协调发展。当然，外来种可能在一定时间内为当地带来好的生态和经济效益，但也可能对当地生态系统产生巨大的不利影响，这主要是由于外来种与当地的物种缺乏协同进化。理想的恢复应全部引进乡土种，而且应在恢复、管理、评估和监测中注意外来种入侵问题，也应关注从外地再引入原来在当地生存的乡土种对当地群落的潜在影响。

四、重点地区防护林体系建设工程

（一）重点地区防护林体系建设工程启动背景

防护林体系是指根据区域自然环境条件，以防风固沙、水土保持、水源涵养等防护林的林种为主体，因害设防、因地制宜，片、带、网相结合所形成的综合森林防护体系。防护林体系同单一的防护林林种不同，是根据区域自然历史条件和防灾、生态建设的需要，将多种用途的各个林种结合在一起，形成一个区域性多林种、多树种、高效益有机结合的防护整体，这种防护林体系的营造与形成往往构成区域生态建设的主体和骨架，发挥主导的生态功能。

由于不同地区生态环境条件的恶化影响因素多种多样，如暴雨引起的水土流失，干旱、强风引起的沙尘暴，干热风引起的农作物减产等，需要针对不同自然因素采取不同的防护措施，选择不同的林分结构与配置方式；同时自然生态环境具有明显的地带性，不同地区的生态环境有自己的特征，如从干旱、半干旱到半湿润地区植被结构的变化规律，人工建设的林草植被必须符合地带性环境变异的基本规律，形成具有明显特色的林业措施。而且，即使是同一种土地利用方式，在不同地带的灾害因子也不同，如西北风沙区、华北平原区同样是农田，其防护林防护的主要灾害因子前者是风沙，后者是干热风，因此林带的结构与配置形式显然不同。更重要的是，各区域、各类型的生态环境是相互影响、相互制约的，如江河上游的森林毁坏，通过河流淤积进一步加大水灾隐患可以影响到下游的生态环境与生命安全，沙尘暴甚至可以影响半个地球等。因此，在治理上要针对各区域的灾害因子建设相应的防护林，在空间上不同区域的林种相互补充、相互影响，才能使整个区域不良生态因子得到改善。如果各区域的防护林没有形成有机联系的整体，生态环境建设的总体效应会被降低。因此，为了使防护林建设的区域防护效益达到最好，需要从自然环境条件、灾害发生情况的实际出发，根据全国生态环境建设的区域规划，因地制宜，统筹安排，分轻重缓急，由小到大逐步形成区域防林体系。

（二）防护林体系建设中的森林培育问题

1. 水土保持林

以小流域为基本单元，全面规划，长短结合，考虑树种的生态与经济特性、地形条件、水土流失特点，通过合理的水平与立体配置形成完整的水土保护体系与可持续的产业体系。水平配置是指水土保持林体系内的各个林种在流域范围内的平面布局和规划，在流域的整体上，兼顾流域水系上、中、下游，流域山系的坡、沟、川、左岸、右岸之间的相互关系。林业用地的总体布局应考虑在流域范围内均匀分布和达到一定林地覆盖率，在流域平面总体上形成有机结合的水土流失防护措施体系。林种的立体配置是指某一种林种内组成的植物种的选择，立体结构的配置与形成，以加强林分的生物学稳定性和开发其短、中、长期经济效益；林种的立体配置的另一层含义是指，水土保持林林种的配置要与流域的地形条件和水土流失特点紧密结合，考虑不同地形地貌部位、地质条件下的水土流失形式、强度，从分水岭到流域口随着地形的变化，由上而下形成层层设防、层层拦截的水土保持生物措施体系，使径流得到过滤，泥沙就地沉积，控制流域坡面和沟道的水土流失。

典型水土流失地区水土保持林配置模式因地制宜。黄土高原沟壑区：塬面防护林，塬边防护林，侵蚀沟防护林；黄土高原丘陵区：梁峁顶防护林，梁峁坡防护林，梯田地埂防护林，侵蚀沟防护林；长江上中游防护林：山丘顶部防护林，梯田地坎防护林，荒坡水土保持林，泥石流治理区水土保持林，薪炭林、用材林、经济林；东北黑土丘陵区：分水岭防护林，水流调节林带，地埂林，沟壑防蚀林，片状防护林，农田防护林。

2. **水源保护林**

水源保护林是指在江河源区及湖泊、水库、河流岸边发挥水源涵养与水土保持作用的森林。水源保护林的主要功能应包括水源涵养、水土保持和水质改善三部分，水源保护林体系应该是一种以水源涵养、水土保持为核心，兼顾经济林、薪炭林、用材林的综合防护林体系。

生长在集水区、河流两岸的森林都具有水源保护作用。根据原林业部关于《森林资源调查主要技术规定》，将符合下列情况的森林划分为水源涵养林：第一，流程在 500 km 以上的江河发源地集水区，主流道、一级与二级支流两岸山地，自然地形中的第一层山脊以内的森林；第二，流程在 500 km 以下的河流，但所处自然地形雨水集中，对下游工农业生产有重要影响，其主流道、一级与二级支流两岸山地，自然地形中的第一层山脊以内的森林；第三，大中型水库、湖泊周围山地自然地形的第一层山脊以内的森林，或其周围平地 250 m 以内的森林和林木。对于一条河流，一般要求水源保护林的范围占河流总长的 1/4；一级支流的上游和二级支流的源头，沿河直接坡面，都应区划一定面积的水源涵养林，集水区森林覆被率达到50%以上。

水源保护林的类型包括天然林、天然次生林、人工林，天然或人工灌木林。在大江大河的源区，一般都分布原始林或天然次生林；在沿河中下游一般都分布有天然次生林和人工林。

3. **防风固沙林**

防风固沙林是指以降低风速，防止或减缓风蚀，固定沙地，以及保护耕地、果园、经济作物、牧场免受风沙侵袭为主要目的的森林、林木和灌木林。

在荒漠化地区通过播种、扦插、植苗造林、种草固定流沙是最基本的措施。流沙治理的重点在沙丘迎风坡，迎风坡固定，整个沙丘就基本固定。在草原地区的流动沙丘迎风坡可通过不设沙障的直接植物固沙方法解决。

（1）沙障固沙。在防沙林带营造初期的数年内，必须在造林之前设置沙障，保护造林苗木免受风蚀沙埋，能正常生长。沙障主要有草方格沙障和直立式沙障。

（2）沙湾造林。沙湾即是流动沙丘的丘间地，通常其水土条件比沙丘优越，风蚀也轻，不设沙障即可造林。当沙丘不太高、丘间地相对开阔时，多用沙湾造林方法。

（3）撵沙腾地，又固又放，开发利用沙荒地。做法是在一排排沙丘中把前后两排沙丘固定，中间沙丘用清除植被、大风时人工扬沙等方法促进沙丘移动，使沙粒堆积在前面的固定沙丘上，中间的沙丘则逐渐变成宽阔而较平坦的沙地，以作农田、果园之用。

4. **海岸防护林**

我国的大陆海岸线北起鸭绿江口，南到北仑河口，总长约为18400 km，沿海岛屿6500多个，岛屿岸线长14250 km。我国的海岸类型可分为沙质、泥质、石质及由红树林和珊瑚组成的生物海岸四种类型，人工海岸除外；从动态上可分为堆积型、侵蚀型、基本稳定型三种类型。

海岸防护林由海岸基干林带与其后方的农田林网、水土保持林组成。基干林带一般由防浪林、防风林组成。其中东南沿海的红树林对于灾害性风暴潮或海啸引起的巨浪具有关键的防护作用。防浪林是指在潮间带的盐渍滩涂上造林种草，以防浪护堤和促淤为主要目的的特殊林种，同时兼有防风、防飞盐、防雾、护鱼、避灾等功能。在海岸线以下植树种草，在涨潮涌浪时，由于林冠的阻挡，可防御海浪冲毁堤坝，同时也可以促使淤泥在林下淤积。我国暖温带至亚热带沿海地区主要是在潮间带种植大米草，热带和南亚热带沿海的潮间带则以营造红树林为主，在广东、海南沿海也有水松林。防浪林的宽度一般在数百米至千余米以上，应根据海岸线以下适宜造林种草的宽度和防浪护堤的需要而定。水松林一般营造在高潮位线与海岸线之间。

绝大部分岩质海岸坡度较陡，土壤冲刷严重，土层浅薄干燥，悬崖裸露，风力大，一般植被稀少，生态环境比较恶劣。为了利于保持水土，应在离海岸30 m左右的范围内规划营造水土保持林，造林树种应选择当地沿海丘陵山地较耐干旱瘠薄，又有较强抗风能力的树种，如黑松、枫香、罗汉松、夹竹桃、珊瑚树、紫穗槐等。

沙质海岸防护林带建设的目的是防风固沙，防止海风长驱、流沙入侵扩展。海岸沙滩因质地较粗，比较干燥。为了防御风沙的危害，沙质海岸防护林带宽度一般要求在 50 m 以上。也可营造 2 条以上林带，防护效果更好。第 1 条林带宽度要求在 30 m 以上，第 2~3 条林带宽 10~20 m，带间距离 100~150 m。

淤泥质海岸在其淡水资源条件较好的地区，通过人工围堤及淋盐养淡，大多已垦殖利用，成为农耕区。海岸林带建设可以与农田防护林建设结合规划。海岸林带一般均沿海堤规划，带宽 10 m 以上。在海堤内侧坡面，宜种植根系盘结的草本植物或灌木丛，如芦竹、苦槛兰等，以起护堤作用。在未围堤的岸段，一般可沿最高潮位线规划营造防护林带，并选择极耐盐碱的树种。

第四章　西南桦人工林的生态特征及相关分析

第一节　西南桦人工林的群落特征

一、西南桦的形态特征

西南桦为落叶乔木，树高可达30~35 m，胸径为0.8~1.0 m。树皮呈褐色至红褐色，具光泽，有多数环形大皮孔，横向剥裂：枝条细软下垂，小枝幼时被软毛，后逐渐脱落无毛，通常具树脂腺体，被白色小皮孔。叶厚纸质，长卵形或卵状披针形，长4~12 cm，宽3~5 cm，先端渐尖至尾状渐尖，基部楔形、宽楔形或圆形，叶缘具不规则垂锯齿，上面无毛，下面沿脉被长柔毛，脉腋间具髭毛，余无毛，密生腺点，侧脉10~13对：叶柄长1.5~3 cm，密被软毛和腺点。花单性，雌雄同株，雄花序下垂，长可达12 cm。果序长圆柱形，2~5个排成总状，下垂，长5~10 cm，直径0.4~0.6 cm，总梗长0.5~1.0 cm，下序梗长0.3~1.0 cm，均被黄色柔毛。果苞小，长约0.3 cm，外密被短柔毛，基部增厚，呈楔形，上部具3裂片，侧裂片不甚发育，呈耳凸状，中裂片披针形或长圆形；果为小坚果，倒卵形，长0.15~0.2 cm，背面被短柔毛，果翅膜质，大部分露于果苞外面，宽为果的2倍。

二、西南桦的地理分布

（一）水平分布

西南桦属中国华南及西南地区的乡土阔叶树种，其天然林主要分布于云南省东南部、南部、西部及西北部的怒江峡谷地区，广西西部，海南的尖峰岭、坝王岭、吊罗山林区及中部黎母山区，四川西南部的德昌一带，以及西藏墨脱地区喜马拉雅东部雅鲁藏布江大峡弯河谷地。与中国接壤的越南、老挝、缅甸、印度、尼泊尔亦有分布。其东界位于中国广西，大致为天峨、南丹、河池、大化、大新、龙州一线，在河池市以西；南界则在越南、老挝、缅甸等国境内，越南西南桦最南可分布至谅山市，其纬度与中国凭祥市差不多，西界在缅甸境内；北界位于中国的云南和广西，包括云南的泸水、保山、南涧、双柏、新平、砚山、广南、富宁，以及广西的西林、隆林、田林、乐业、天峨一线。中国云南、中国广西与越南、老挝和缅甸的分布区连成一体，是西南桦的中心分布区。

（二）垂直分布

中国西南桦天然分布的最低海拔为 200 m，位于广西百色和云南富宁的剥隘；分布最高点见于金平分水岭，海拔 2600 m，有文献提出最高海拔达 2800 m。西南桦的垂直分布与中国西高东低的地势、地貌及其形成的特殊区域气候特征有关，随地形、地貌、地理位置及原生植物状况而异。尽管它在热带地区的中高山地及部分中亚热带地区有分布，但从其最适气候条件要求分析，西南桦是一个典型的南亚热带树种。

三、西南桦的生长特性

西南桦是荒地或刀耕火种后的丢荒地、采伐迹地及林分遭破坏后形成的大林窗等立地更新的先锋树种，生长快、尖削度小，树干通直，适宜培育大径材。在天然条件下，西南桦一般20~30 年便可成材利用，胸径年均生长量 1. 0~1. 5 cm，树高年均生长量 0. 7~1. 0 m。据 46 年生解析木分析，高 31. 6 m，胸径 36. 1 cm。胸径和树高生长在 10 年左右明显加快。树高的生长峰值出现在 15 年生，年生长量达 0. 86 m，到第 45 年后有下降趋势，而胸径的生长峰值出现在第 49 年，年生长量达 1. 02 cm，直到 46 年生时仍无下降趋势，年生长仍在 1. 0 cm。而材积的生长到 46 年生时，平均生长量和连年生长量仍未相交，预期成熟较晚。

采于西双版纳普文海拔 950 m 密林中的解析木：30 年生，胸径 34. 3 cm，树高 24. 6 m，单株材积 0. 96 m^3。在景东海拔 1500 m 林中的西南桦：32 年生，胸径 35. 0 cm，树高 23. 1 m，单株材积 0. 94 m^3。

西南桦人工林生长速度更快，10 年生以前为径、高生长速生期，胸径和树高年均生长量分别为 1.5~2.5 cm、1.0~1.5 m；10~20 年生为中速生长期，胸径和树高年均生长量分别为 1.0~1.5 cm、0.8~1.2 m；20 年生后进入缓生期，径、高年均生长量分别为 0.8~1.0 cm、0.2~0.5 m。

西南桦属落叶乔木，落叶后约 1 个月开始开花，属先花后叶植物，受气候条件制约，各地花期、果期不一致，一般是 1—2 月开花，3—4 月果成熟，果实成熟时即开始展叶。

四、西南桦的适生环境

（一）适宜的光照

西南桦是常绿阔叶林区的次生林先锋树种，为强阳性树种，不耐荫蔽，只有在光照充足的条件下才能生存和生长，在郁闭林冠下难以更新，而一旦林分遭破坏，出现林窗，随着光照条件的改善，西南桦天然更新良好。尽管如此，西南桦在幼苗阶段可以忍耐一定程度的荫蔽。育苗试验的结果证明，西南桦幼苗生长初期仍需要适当荫蔽，50%~75%的荫蔽度有利于西南桦移植苗的成活。

（二）适宜的温度

西南桦天然分布区的年均气温 13.5~20.6 ℃，1 月平均气温≥5.2 ℃，7 月平均气温≤27.1 ℃，极端最高气温 41.3 ℃，极端最低气温-5.7 ℃，≥10 ℃的活动积温 3824.3~7235.0 ℃。其最适温度范围：年均气温 16.3~19.3 ℃，1 月平均气温 9.2~12.6 ℃，7 月平均气温 21.4~24.2 ℃。

（三）适宜的湿度和降水

西南桦分布区的年平均相对湿度在 70%以上，最高可达 90%。降水量一般超过 1000 mm，低者也在 800 mm 以上，最高可达 2000 mm 以上。

分布区内干湿季节明显，每年有长达 4~6 个月的旱季。西南桦具有较强的旱生性，表现为旱季落叶，这一特性是对旱季较长的中国热带、南亚热带地区的一种生态适应。

（四）适宜的土壤与母岩

西南桦是深根性树种，根系发达，对土壤的适应性广，可在花岗岩、页岩、砂岩、片麻岩、火山岩等母质发育的砖红壤、山地红壤、山地黄壤、山地黄棕壤等类型土壤上生长，在石灰岩发育的土壤上亦见其分布。西南桦分布区土壤呈酸性或微酸性，pH 值 4. 2~6. 5。西南桦对土壤肥力要求也不苛刻，能耐一定程度的瘠薄，在土层浅薄、岩石裸露的立地，以及严重水土流失的立地亦能生长，但尤喜深厚、疏松、排水良好的土壤。

（五）适宜的植被

西南桦林多为常绿阔叶林遭受严重破坏后形成的次生林。林相较整齐，林分结构简单，纯林少见。以西南桦占优势，多为单层混交林。混生树种常见的有杯状栲、截头石栎、檫木、红木荷等。在思茅松林区又多与思茅松、红木荷、麻栎等组成混交林。在稍干热地区可与山黄麻、白头树等混生。在温凉湿润地区又常与桤木组成混交林。据广西靖西魁圩的样地调查结果，约 20 年生的西南桦林高达 20 m 以上，分 3 个亚层，西南桦占据林分的 A、B 两个亚层，仅少数栲树、红木荷侵入第二亚层，第三亚层为栲树、毛杨梅、红木荷等常绿阔叶树种，林冠下西南桦更新不良，甚至完全绝迹，群落朝向常绿阔叶林地带性的顶极群落演替。在百色，西南桦侵入马尾松、杉木人工林。在广西大青山橄门林区，西南桦位于林分上层，主要伴生树种有刺栲、鹅掌柴、米老排等。西南桦在西藏墨脱地区低山半常绿雨林中是主要的伴生树种，散布于阿丁枫+小果紫薇群落、阿丁枫群落，并侵入桤木群落，以及中平树+鸡嗉子果+桤木群落等次生群落。

第二节　西南桦人工林的土壤质量变化

一、土壤有机质含量

有机质是土壤中的重要组成部分，对维持土壤的生物学、物理学和化学性质都至关重要。

（一）植被生长和死亡

人工林中的植被生长和死亡是土壤有机质含量变化的主要驱动因素之一。植被生长过程中，植物通过光合作用吸收二氧化碳，并将其转化为有机物质，其中一部分最终会归于土壤有机质。而植被死亡后，其残体和根系会逐渐分解，释放有机质到土壤中。

（二）林地管理措施

林地管理措施对土壤有机质含量的影响也非常重要。例如定期施用有机肥料可以增加土壤中的有机质含量，这有助于提高土壤肥力和改善土壤结构。保护林地植被，如避免过度采伐、适度间伐和植被恢复等措施，可以减少植被死亡和有机质的流失，有利于维持或增加土壤有机质含量。

（三）土壤类型和环境因素

土壤类型和环境因素也会影响人工林土壤的有机质含量。例如，湿润气候和高温多湿的环境有利于有机质的分解，导致土壤有机质含量较低；相反，干旱气候和低温环境则有利于有机质的积累。

综上所述，人工林土壤的有机质含量受到植被生长和死亡、林地管理措施，以及土壤类型和环境因素等多种因素的影响。通过合理的管理措施和保护措施，可以促进土壤有机质的积累，提高土壤质量，保护生态环境。

二、土壤酸碱度

第一，植被类型。不同类型的植被对土壤酸碱度有不同的影响。一些植物物种可能通过根系排放酸性物质或者影响土壤微生物活动而导致土壤酸化，而其他植物物种可能通过根系分泌碱性物质或者吸收酸性物质来调节土壤酸碱度。因此，人工林中选择合适的植被类型可以在一定程度上影响土壤酸碱度的平衡。

第二，降水量。降水量的变化也会对土壤酸碱度产生影响。较高的降水量可能会导致土壤中酸性物质被冲走，从而使土壤酸碱度降低；而较低的降水量可能导致土壤中酸性物质的积累，从而使土壤酸碱度升高。

第三，施肥。长期施用化肥可能会导致土壤酸化。化肥中的硫酸盐和硝酸盐在土壤中分解时产生酸性物质，如果施用量过量或者频繁施用，可能会导致土壤酸化。因此，合理施用化肥及选择有机肥料有助于降低土壤酸化的风险。

第四，石灰施用。选择适当的石灰剂并施用在土壤中有助于维持土壤的酸碱平衡。石灰剂可以中和土壤中的酸性物质，提高土壤的 pH 值，从而改善土壤酸碱度。

综上所述，人工林土壤酸碱度的变化受到植被类型、降水量、施肥和石灰施用等多种因素的影响。通过合理的管理和适当的土壤改良措施，可以维持土壤的酸碱平衡，促进人工林的健康生长和可持续发展。

三、土壤结构

（一）根系生长

根系是土壤结构形成和维持的重要因素之一。在人工林中，树木的根系通过渗透、固定和改良土壤，促进土壤团聚体的形成。根系的生长和活动会增加土壤的机械稳定性和通气性，改善土壤结构。此外，根系分泌的有机物质也可以促进土壤微生物的生长和活动，有利于土壤团聚体的形成。

（二）土壤侵蚀

不适当的土地利用和管理可能会导致土壤侵蚀，进而降低土壤结构的质量。土壤侵蚀会破坏土壤表面的团聚体结构，导致土壤颗粒的流失和土壤层的疏松化。这会降低土壤的抗风化能力和保水保肥能力，进而影响人工林的生长和发展。

（三）土地利用和管理

合理的土地利用和管理对于维持土壤结构的质量至关重要。适当的林地管理措施，如树种选择、植被保护、合理的间伐和植被恢复等，可以促进根系生长和土壤团聚体的形成，有助于改善土壤结构。同时，采取防止土壤侵蚀的措施，如植被覆盖、建立水土保持措施等，也能保护土壤结构不受破坏。

综上所述，人工林土壤结构的质量受到根系生长和土壤侵蚀等因素的影响。通过合理的土地利用和管理措施，可以促进土壤结构的形成和改善，维护人工林生态系统的稳定性和可持续发展。

四、土壤肥力

（一）施肥

定期施用化肥和有机肥料是提高土壤肥力的重要手段之一。施肥可以补充土壤中的营养元素，促进植物生长和提高产量。常见的化肥包括氮、磷、钾等，它们是植物生长所需的主要营养元素。有机肥料则可以增加土壤有机质含量，改善土壤结构，提高土壤保水保肥能力。

（二）植被类型

不同类型的植被对土壤肥力的影响也不同。一些植物物种能通过根系分泌物质或者根际作用促进土壤微生物活动，有助于提高土壤肥力。例如，一些豆科植物具有固氮能力，可以将大气中的氮气转化为土壤中的有机氮，有利于提高土壤肥力。

（三）土壤侵蚀和植被破坏

土壤侵蚀和植被破坏可能会导致土壤肥力的降低。土壤侵蚀会导致土壤表层的肥力和养分流失，降低土壤肥力。植被破坏会减少植物根系的生长和活动，降低土壤有机质的积累和土壤肥力。

综上所述，西南桦人工林的土壤质量变化受到多种因素的综合影响，需要针对具体情况进行研究和管理。定期的土壤质量监测和科学的林地管理措施可以帮助维护和改善土壤质量。

第三节　西南桦人工林的生物量、生产力和碳贮存能力

一、西南桦人工林的生物量

西南桦人工林的生物量受到多种因素的影响，包括树种、林龄、密度、生长环境等。一般来说，随着林龄的增长，生物量也会逐渐增加。西南桦是一种生长较快的树种，适合于人工林种植，因此在适宜的生长环境下，西南桦人工林的生物量可以达到较高水平。

（一）树种

西南桦是一种生长迅速的树种，具有较高的生物量生长潜力。相比其他树种，西南桦在适宜的生长环境下往往能够达到更高的生物量水平。

（二）林龄

随着西南桦人工林的林龄增长，树木的生物量通常也会逐渐增加。这是因为随着树木生长，其生长速率和生长量会增加，从而导致生物量的积累。

（三）密度

西南桦人工林的树木密度也会影响生物量的水平。适度的树木密度可以促进树木生长，有利于生物量的增加。然而，密度过高可能会导致植被竞争激烈，影响生物量的增长。

（四）生长环境

生长环境的条件对于西南桦人工林的生物量也有重要影响。充足的阳光、适宜的土壤、合适的水分和气候条件都有利于西南桦的生长，从而增加生物量的积累。

总体来说，西南桦人工林的生物量受到树种、林龄、密度和生长环境等多种

因素的影响。通过合理管理和优化生长环境，可以促进西南桦人工林生物量的增长，提高林地的生态效益和经济效益。

二、西南桦人工林的生产力

西南桦人工林的生产力与生物量密切相关，但也受到土壤肥力、水分和光照等因素的影响。适当的管理措施，如施肥、间伐和灌溉等，可以提高人工林的生产力。西南桦人工林的生产力通常表现为单位面积上的生物量增长或者干重的增加。

（一）与生物量密切相关

生产力通常与生物量密切相关，因为生物量是生产力的一种表现形式。西南桦人工林的生物量增长可以被视为生产力提高的表现之一。生产力高的人工林通常具有较高的生物量。

（二）受土壤肥力、水分和光照等因素影响

除了生物量，西南桦人工林的生产力还受到土壤肥力、水分和光照等环境因素的影响。充足的土壤养分、适宜的水分和充足的阳光是促进植物生长和提高生产力的关键因素。

（三）生产力的管理措施

适当的管理措施对于提高西南桦人工林的生产力至关重要。例如，定期施肥可以补充土壤中的养分，促进植物生长；适时的间伐可以改善林分结构，提高光照和空间资源利用效率；灌溉可以在干旱季节补充土壤水分，促进植物生长。

三、西南桦人工林的碳贮存能力

（一）碳吸收和贮存

西南桦人工林通过光合作用吸收大气中的二氧化碳，并将其转化为有机物，包括树木的生物量、土壤有机碳和林下植被等。这些有机物中贮存了碳元素，从

而起到了减缓大气中二氧化碳增加的作用。

（二）碳贮存能力评估

评估西南桦人工林的碳贮存能力需要考虑多个因素。首先，是生物量的变化，因为生物量中包含了大量的碳元素，因此生物量的增长意味着碳的贮存增加。其次，是土壤有机碳含量，土壤中的有机碳是一个重要的碳贮存库，通过定期的土壤有机碳含量测定可以评估其变化。最后，根系生长也是一个重要的因素，因为根系的生长和分解会对土壤有机碳含量和碳贮存能力产生影响。

（三）碳贮存能力的管理措施

采取合理的管理措施可以提高西南桦人工林的碳贮存能力。例如，适时的间伐可以促进树木生长和更新，增加生物量；合理施用有机肥料和保护林下植被可以增加土壤有机碳含量；加强水土保持和防治土壤侵蚀措施可以减少碳贮存的流失。

综上所述，西南桦人工林的生物量、生产力和碳贮存能力受到多种因素的综合影响，需要结合具体的生长环境和管理措施进行研究和评估。

第四节　西南桦人工林的物种、土壤与生物量的相关性

一、西南桦人工林的物种组成与生物量

西南桦人工林的物种组成会直接影响生物量的分布和数量。不同物种的生长速率、生长形态及生态位的差异会导致生物量在空间上的分异。例如，一些快速生长的树种可能在较短的时间内积累较大的生物量，而一些耐阴植物可能在林下形成较为密集的植被，影响到地面植被的生物量积累。

（一）物种生长特性

不同树种具有不同的生长速率、生长形态和生态位，这些特性直接影响了它们的生物量积累。一些快速生长的树种，如杉木和杨树可能在较短的时间内就能积累大量生物量，而一些生长缓慢或者是耐阴植物，如槲树和栎树则会在林下形成较为密集的植被，限制地面植被的生物量积累。

（二）生态位差异

不同物种在生态位上的差异也会导致生物量的空间分异。一些树种可能更适合在林下生长，而另一些树种则更适合在林冠层生长。这种差异会导致不同物种在生物量上的分异，从而影响整个人工林生态系统的结构和功能。

（三）竞争关系

不同树种之间存在着竞争关系，这也会影响生物量的分布和数量。一些树种可能具有更强的竞争能力，占据更多的资源，导致其他树种的生长受到抑制，从而影响生物量的分布。

综上所述，西南桦人工林的物种组成对于生物量的分布和数量有着重要的影响。通过合理的物种配置和管理措施，可以优化人工林的物种组成，促进生物量的增长，提高林地的生态效益和经济效益。

二、西南桦人工林的土壤特性与生物量

（一）养分含量与生物量

土壤中的养分含量是影响植物生长和生物量积累的重要因素之一。养分包括氮、磷、钾等，它们是植物生长所必需的主要营养元素。土壤中养分含量的丰富程度直接影响着植物根系的生长和养分吸收，进而影响生物量的积累。

（二）土壤质地与生物量

土壤质地对于土壤的通气性、保水性和肥力等性质有重要影响。黏土质地的

土壤通常富含养分，但排水性较差，可能会导致植物根系窒息。沙质土壤通常透水性好，但养分含量较低。适度的土壤质地有利于植物根系的生长和养分吸收，从而促进生物量的积累。

（三）水分条件与生物量

土壤水分对于植物生长和生物量的积累也是至关重要的。适宜的土壤水分条件有利于植物根系的生长和养分吸收，提高植物的抗旱能力，从而促进生物量的增长。过度或者缺乏水分都会影响植物的生长和生物量的积累。

（四）有机质含量与生物量

富含有机质的土壤通常有助于植物生长，因为有机质可以提供养分并改善土壤结构。有机质能够增强土壤的保水保肥能力，提高土壤的通气性和肥力，从而促进植物的生长和生物量的积累。

综上所述，土壤的理化性质对于西南桦人工林的生物量积累起着重要作用。通过合理的土壤管理和改良措施，可以优化土壤环境，提高土壤肥力，促进植物生长，从而增加生物量的积累。

三、西南桦人工林的物种组成与土壤特性

不同的植物物种对土壤有机质含量、土壤微生物群落和土壤水分等方面有不同的影响。例如，一些植物物种可能通过落叶、凋落物和根系分泌物等途径增加土壤有机质含量，而其他物种可能会改变土壤的 pH 值和土壤微生物的群落结构。

（一）物种组成与土壤有机质含量

不同的植物物种对土壤有机质含量的影响是复杂的。一些植物物种通过其落叶、凋落物和根系分泌物等方式，能够增加土壤有机质的含量。这些有机质可以在土壤中分解，释放出有机氮、有机磷等养分，提高土壤肥力。例如，一些落叶乔木在秋季落叶后可以增加土壤有机质的含量。

（二）物种组成与土壤 pH 值

一些植物物种可以通过其根系的分泌物质改变土壤的 pH 值。根系分泌的物质可能具有酸性或者碱性，从而影响土壤的 pH 值。例如，一些酸性植物可能通过根系分泌的有机酸降低土壤的 pH 值，而碱性植物则可能通过分泌碱性物质提高土壤的 pH 值。

（三）物种组成与土壤微生物群落

不同的植物物种可以影响土壤微生物的群落结构和多样性。根系分泌的物质可以作为微生物的碳源和能源，影响土壤微生物的生长和活动。一些植物物种可能促进土壤中某些微生物的生长，而抑制其他微生物的生长，从而改变土壤微生物的群落结构。

因此，西南桦人工林的物种组成、土壤特性和生物量之间存在着复杂的关系，了解和研究它们之间的相关性有助于更好地理解西南桦人工林生态系统的功能和稳定性。

第五章　西南桦人工林的良种培育技术实践

第一节　西南桦的种子采集与处理、储藏

一、西南桦的种子采集

（一）采种时间

西南桦种子极细小（长 2 mm、宽 3 mm、厚 0.4 mm），平均千粒重 0.107 g，种子成熟后 10~15 天随即大量脱落，成熟的西南桦种子，种粒为黄白色带翅的小坚果，种胚略为突出，挤压有油迹点。未成熟的种子，种粒为绿色，胚不明显，挤压后没有油迹出现。

由于气候环境和海拔等环境因子的影响，各地西南桦种子的成熟期具有一定的差异，但在同一地点，种子成熟期基本一致。云南、广西一般为 1—3 月，海南为 3—4 月。

西南桦采种要及时，不宜过早或过晚，过早影响种子质量，成熟后过迟则脱落飞散。采种前必须对种子成熟特征进行观察，当果穗由绿色变为金黄色或黄褐色，并用纸挤压种子时，有油迹明显见于纸面，说明种子已成熟，可进行采收。

（二）采种方法

由于研究时间短，我国尚未建立西南桦种子园，目前采种仍在天然林内进行。采种母树应选择 15~20 年生以上生长健壮，树干通直、侧枝细、分枝角度小、树冠较匀称、无病虫害的优势木，采种前做好标记。采种可用以下两种方法。

第一，在果实成熟前，选择果序较集中的枝条，采用 1 mm×1 mm 网眼的尼

龙袋套袋，由专人负责每天观察，当果实成熟，落入袋中时，每天收集 1 次，由于果实自然成熟，品质较高，发芽率也较高。

第二，当果实由绿色变为黄褐色时，从母树上采摘果序或带果序的小枝。由于不同果序种子成熟的时间稍有差异，或同一果序先端和基部的种子成熟时间也略有差异，所采集的种子成熟度较套袋法差，但简单易行。

二、西南桦的种子处理

西南桦果穗采集后，须及时晾晒。通常将果穗用报纸或塑料薄膜平铺（厚约 3 cm）于室内通风处晾干，在无风的晴天放置在水泥地板上短时间（2~4h）照晒，忌强光下长时间暴晒。果序膨松后用手轻轻搓揉，种子即可大量脱出，然后将果枝、果序轴、果苞片等杂物筛除，再晾干后用布袋或保鲜袋分装。

三、西南桦的种子储藏

采收后的西南桦种子可直接播种，暂不播种的种子可储藏备用。西南桦种子小而带翅，易失水而使发芽率降低。目前，生产中常用的储藏方法主要有低温储藏和干燥储藏两种。

（一）低温储藏

试验结果表明，西南桦种子在 0~10 ℃条件下低温储藏，能有效地保持发芽力达 3 年以上。而在常温下容易丧失发芽力，在广州，储藏不到 3 个月即丧失发芽力，在昆明，有效保存期可延长到 3~6 个月；在 15 ℃条件下保存 6 个月发芽率不到 10%。

（二）干燥储藏

在常温下干燥储藏，西南桦种子活力可以保持 1 年以上。因此，干燥储藏也是行之有效的方法之一。此法特别适合尚未通电或经常停电的偏僻林区。若没有硅胶，可以就地取材，用石灰、木炭等作干燥剂，塑料袋、陶瓷罐等作储藏容器，或将种子置于谷仓内储藏。

第二节　西南桦的苗圃建立与播种育苗

一、西南桦的苗圃建立

（一）苗圃种类

1. 固定苗圃

实施天然林保护工程和退耕还林（草）工程后，西南桦适生区各县（市）基本上都建有固定苗圃/中心苗圃。除培育西南桦外，还培育其他苗木。固定苗圃一般设施齐备、劳力充足、交通方便、管理便利、集约化程度高，但育苗成本较高。同时，因长期使用，易造成土壤肥力下降，病虫害滋生。

2. 临时苗圃

临时苗圃又称山地苗圃、林间苗圃，为完成某一特定造林项目而临时设置，一般在造林地附近。临时苗圃由于靠近造林地，运距较短，而且培育出的苗木对造林地环境条件具有较强的适应性，造林成活率较高。同时，投资少，育苗成本低。因此，生产中主要以临时苗圃育苗为主。

（二）苗圃地的选择

山地苗圃要选择在山坡的中下部，地势较平缓（坡度5°以下），土层深厚、肥力好、水源充足、通气排水良好的生荒地、采伐迹地或林间空地上开辟圃地。坡度较大时，要采取修筑台地等水土保持措施。坡向以南坡、东南坡和西南坡为宜，土壤最好为沙壤土。

农耕地育苗，要选择有排灌条件、肥力较好的土地。不可选用茄科、葫芦科和十字花科等前茬作物对西南桦苗木易感染病害和地下害虫严重的土地。

二、西南桦的播种育苗

多年的试验结果表明，西南桦裸根苗造林成活率和保存率极低。目前生产上主要采用两段式育苗，即先培育芽苗，再移植到营养袋内继续培育容器苗，具体步骤和方法如下。

（一）整地

西南桦种子细小，选好圃地之后必须精细整地，要求做到深耕细整，清除草根、石块，地平土碎。

（1）固定苗圃。春季翻耕 2～3 次，每次间隔 10～15d，深度 20～30 cm，随耕随耙，清除石块、草根，均匀碎土，平整苗床土地。

（2）山地临时苗圃。最好在主要杂草种子成熟前开垦，清除杂草、灌木，挖出树根、石块，经烈日暴晒后，于播种前翻烧 1～2 次，然后碎土作床。育苗地前茬是农作物的，秋收后先浅耕灭茬，待杂草种子发芽时，再进行深耕、耙地、平整、镇压。

（二）土壤改良

固定苗圃与临时苗圃在施肥前要测定圃地土壤理化性质，掌握土壤的水、肥和 pH 值，固定苗圃土壤瘠薄的要逐年施肥，施肥坚持以有机肥为主，化肥为辅和施足基肥的原则。基肥以充分腐熟后的堆肥、厩肥、饼肥、人粪尿等有机肥料为主，为了调节各种养分的适当比例，也可以施无机磷、钾肥和少量无机氮肥，结合耕翻，均匀施入深土层中。土壤瘠薄的地块，耕翻时施入大部分，留少部分在作床（垅、畦）时，施入上层土壤。土壤以沙壤为宜，pH 值 4.2~6.0，偏沙的混拌泥炭土；偏黏的混沙；过酸的施石灰、草木灰等；偏碱的混拌生石膏或泥炭土、松林土。

（三）作床

播种床采用箱床或地床，生产量小时采用箱床育苗，当苗木生产量大时，采用地床育苗。

1. 箱床

用厚 2～3 cm 的木板钉成长、宽、高分别为 1～1.2 m、0.5～0.6 m、0.2~0.3 m的木箱，然后填充基质土壤。

2. **地床**

苗床的床面要高出步道 15～20 cm，床宽 1.0～1.2 m，床长 10～20 m，床间步道 30～50 cm。床面必须充分碎土，要求达到土粒细碎，并用木板稍稍拍实、压平。床两边整成高于床面约 3 cm 的小埂，以免浇水时种子流失。

（四）土壤处理

播种前要根据具体情况分别采用药剂处理、高温处理等土壤消毒方法，消灭土壤中的病原菌和地下害虫，以确保西南桦种苗的安全生长。具体的土壤处理方法很多，以下是几种西南桦播种前土壤处理常用且效果较好的方法。

1. **高温处理**

（1）太阳能消毒方法。这种方法主要应用于温室大棚的土壤消毒。具体为：每 667 m^2施入碎稻草 1000～2000 kg、生石灰 30～60 kg（生石灰适用于 pH 值 6.5 以下的土壤，如 pH 值 6.5 以上用同量的硫铵），深耕，整地成宽 60～70 cm、高 30 cm 的小箱，这主要是为了增加地表面积，使地温快速升高。箱面上盖上旧薄膜，沟内灌满水至箱面湿透为止。将温室大棚薄膜盖严密封 7 d 以上（天气晴好时为 7 d，如阴雨天多时间要延长），采用该方法可使地表温度达到 80 ℃以上，一般的病虫都能杀死。这种消毒方法会使大棚内温度较高，要将棚内不耐热的物品搬出棚外。

（2）烧土法。在圃地堆放柴草焚烧，使土壤耕作层加温，而进行灭菌。这种方法不但能灭菌，同时能提高土壤肥力。

（3）土壤高温蒸汽消毒法。使用土壤高温蒸汽消毒机，对 25～30 cm 深的土壤用 80 ℃的蒸汽消毒 1 h 以上，具体方法可以根据不同的机型，直接将耐高温薄膜覆盖在土壤/基质表面，或将基质/土壤装入专用消毒车上消毒，土壤高温蒸汽消毒法可以有效地消灭病原菌、杀死害虫、有害土壤微生物和杂草。此种方法操作简单，使用方便，但成本较高，仅适用于集约化经营程度较高的中心苗圃或固定苗圃。

2. **药剂处理**

（1）五氯硝基苯消毒法。每平方米苗圃地用 75% 五氯硝基苯 4 g、代森锌

5 g，两药混合后，再与 12 kg 细土拌匀。播种时下垫上盖，此法对防治土壤传播的炭疽病、立枯病、猝倒病、菌核病等有特效。

（2）福尔马林消毒法。每平方米苗圃地用福尔马林 50 mL 加水 10 kg 均匀地喷洒在地表，然后用草袋或塑料薄膜覆盖，闷 10 d 左右揭掉覆盖物，使气体散发掉，过 2 d 后便可播种。此法对防治立枯病、褐斑病、角斑病、炭疽病等有良好的效果。

（3）波尔多液消毒法。每平方米苗圃地用等量式（硫酸铜：石灰：水＝1：1：100）波尔多液 2.5 kg，加赛力散 10 g 喷洒土壤，待土壤稍干即可播种扦插。此法对防治黑斑病、斑点病、灰霉病、锈病、褐斑病、炭疽病等效果较明显。

（4）多菌灵消毒法。多菌灵能防治多种真菌病害，对子囊菌和半知菌引起的病害效果很明显。土壤消毒用 50%可湿性粉剂，每平方米施用 1.5 g，可防治根腐病、茎腐病、叶枯病、灰斑病等，也可按 1：20 的比例配制成毒土撒在苗床上，能有效地防治苗期病害。

（5）硫酸亚铁消毒法。用 3%溶液处理土壤，每平方米用药液 0.5 kg，可防治苗枯病、缩叶病。同时，还能兼治缺铁苗木的黄化病。

（6）代森铵消毒法。代森铵为有机硫杀菌剂，杀菌力强，能渗入植物体内，经植物体内分解后还有一定肥效。用 50%水溶代森铵 350 倍液，每平方米苗圃土壤浇灌 3 kg 稀释液，即可防治苗木的黑斑病、霜霉病、白粉病、立枯病，还能有效地防治球根类种球的多种病害，

（7）辛硫磷消毒法。辛硫磷为广谱杀虫剂，尤其对蛴螬、蝼蛄等鳞翅目类地下害虫有很好的效果。每 667 m^2 用 50%辛硫磷乳油 200～250 g，加水 10 倍，喷于 25～30 kg 细土上拌匀成毒土，顺垄条施，随即浅锄，或以同样用量的毒土撒于种沟或地面，随即耕翻，或混入厩肥中施用，或结合灌水施入。

（五）种子消毒

西南桦种子消毒可采用物理消毒法或化学消毒法，常用的消毒法有以下四种。

第一，日晒消毒法。播种前选择晴天，将种子日晒 1～2 d。

第二，硫酸亚铁消毒法。用 0.5%～1.0%的硫酸亚铁溶液浸种 2 h，捞出用

清水冲洗后阴干。

第三，高锰酸钾消毒法。用0.5%的高锰酸钾溶液浸种2 h，捞出密封30 min后，用清水冲洗后阴干。

第四，退菌特消毒法。用80%退菌特稀释800倍液浸种15 min，捞出用清水冲洗后阴干。

（六）播种

1. 播种期

西南桦种子在11.5~34.5 ℃，日温差13~17 ℃范围内均能正常发芽。因此，当土壤5 cm深处的地温稳定在10 ℃左右时均可播种。具体播种月份，应根据当地气候和造林季节来确定。在云南，西南桦为雨季造林树种，播种期一般为12月至翌年3月。各地可根据种子的不同成熟时期，既可采取随采随播的方式，也可将种子于12月至翌年1月播种。冬季播种气温过低，可采用搭建塑料棚增温的办法，木箱育苗则直接用塑料膜覆盖，达到增温保湿的目的。

2. 播种方法

西南桦种子细小，播种一般采取均匀撒播的方式，播种量6~8 g/m^2。播种前先浇透水，苗床稍干后再播种。播种后撒一层细土或细河沙或基质，厚度以不见种子为宜，并稍作镇压。盖种后立即喷雾浇水，切忌喷桶直接喷洒，淋透为限，然后在床面覆盖一层1.0~1.5 cm的稻草或鲜松针，以起到保湿和以便淋水时不致冲溅苗床表面的作用。同时，临时苗圃应根据当地的气温和光照情况，搭建塑料薄膜小棚，其上再用透光度70%~80%的遮阴网覆盖，以提高地温、减少水分蒸发和避免强光直射，防止雨水冲击。

（七）苗期管理

1. 芽苗期生长特性

播种后的西南桦，10~15 d开始发芽。先长出一对子叶，胚轴、胚根生长极慢，需充分发育后才伸长。子叶期30 d后，小苗真叶逐渐发育，胚轴开始伸长。45~60 d后长出2~3片真叶，地下部分开始长须根。90 d后有真叶4~5片，苗高 2.5~4 cm，茎基逐步木质化，地下根系发达。

2. *芽苗培育*

（1）撤除覆盖物。西南桦播种后，当幼苗大量出土时，应逐层揭去稻草或松针等苗床表面覆盖物，以免阻碍幼苗生长。

（2）灌溉与排水。苗期灌溉主要采取喷雾法浇水，保证水分均匀地分配在苗木根系活动的土层中。出苗期（特别是幼苗出土前）要适当控制灌溉，只要保持土壤湿润状态，土壤不板结就不必灌溉。幼苗生长期（特别是保苗阶段）采取少量多次办法，过干或过湿都易导致幼苗死亡。幼苗期要防止雨淋，雨淋后小苗茎基部易形成“泥脚杆”导致腐烂。圃地发现有积水立即排除，做到内水不积，外水不流。

（3）施肥。芽苗出齐约 20 d 后开始施肥。视幼苗生长情况，每隔 7~10 d 喷施 1 次复合肥或尿素。浓度从 0.2%起，逐渐增大，最多不能超过 0.5%，以免造成肥害。

（4）病虫害防治。西南桦幼苗期易感染病害。出苗后，每隔 10~15 d 用 50%的多菌灵可湿性粉剂或退菌特 800~1000 倍液喷雾 1 次，以预防病害发生，或 0.5%等量式波尔多液和 50%多菌灵 1000 倍液，或 0.1%高锰酸钾溶液，或 50%多菌灵可湿性粉剂 800~1000 倍液交替喷洒幼苗。

（5）除草。除草要掌握“除早、除小、除了”的原则。一般采取人工除草，即地面湿润时连根拔除。

（6）间苗。西南桦芽苗展开 2~4 片（对）真叶时应及时间苗，拔除生长过于密集，发育不健全和受伤、感染病虫害的幼苗，使幼苗分布均匀。根据幼苗生长发育状况，间苗可分 2~3 次完成。第 1 次间苗一般在出齐后 10~15 d，第 2 次间苗与第 1 次间隔 15~20 d。原则上，单位面积保留的苗株数比计划产苗量多 15%左右，间苗后的密度以 50~60 株/m^2较合适。

（7）炼苗。幼苗生长 50~60 d，开始木质化后要进行炼苗。炼苗时先揭开塑料膜，再逐渐揭开部分遮阴网透光，促进幼苗木质化。苗龄 90 d 左右，高达 2.5~4.0 cm，即可移植进袋。

（8）容器选择。西南桦育苗常用的育苗容器有塑料袋、纸杯、硬塑杯或塑料育苗盘，其中以塑料袋应用较为普遍，可选规格为直径 40~60 mm、长度 100~

150 mm。

(9) 营养土配制。营养土/营养基质要求营养丰富，保水保肥能力强、理化性质好、质地致密，质量较轻，其主要原材料可选用森林表土、腐熟锯末与甘蔗渣、树皮细粒、黄心土、红心土、作物秸秆、谷壳、蛭石、泥炭土、火烧土等。

(10) 营养土消毒。营养土在配置好以后应严格消毒，并筛去石块、草根等杂质。其具体的消毒可按照以下方法进行：①硫酸亚铁消毒法：每 50 kg 营养土用 2%硫酸亚铁溶液 5 kg 混合拌匀；②高锰酸钾消毒法：每 50 kg 营养土用 0.5%高锰酸钾液 2.5 kg 混合拌匀。

(11) 装袋及容器袋排列。装入袋内的营养土，要装满、填实，营养袋整齐排放在苗床上，切忌倾斜。袋与袋之间要相互挤紧，尽可能减少空隙。

(12) 芽苗移植。移植前用喷桶将营养袋浇 1 次透水，待土壤稍干达到潮润程度即可将芽苗移入袋中。芽苗要先淋足水后再起苗。移植时先用一根约 0.8 cm 粗的竹签或木棍在营养袋中央插一小洞，深 6~8 cm，把起出的小苗放入洞内回土压实，然后浇水。小苗移植前期要搭遮阴网，透光度控制在 50%左右。

(13) 移植后管理。移苗后每天浇 2 次水，早晚各 1 次，保持土壤潮湿。苗木成活后，逐渐揭去遮阴网进行炼苗。西南桦苗期要注意水肥的管理，特别是水的管理，幼苗期水分不可过多，更不能缺水，土表发白即应浇水，否则苗木一旦出现枝叶干枯现象就难恢复生长，甚至导致死亡，这是需要特别注意和强调的一项重要措施。每隔 15~20 d 可追施 0.2%~0.5%的尿素液或 1%复合肥 1 次，逐步增大施肥量，施肥后要用清水冲洗叶面 1 次以免肥害。出圃前 1 个月以施磷肥为主，减少淋水量和次数，促进苗木木质化。为防止病虫害发生，每隔 2 周喷 1 次药，农药可选用波尔多液、多菌灵。出圃前，若出现苗木根系穿破营养袋（穿袋），应及时搬动营养袋，进行截根，截根后应及时镇压、灌溉。经 2.5~3.5 个月的袋苗期培育，苗高可达 20 cm 左右，形成多分枝的锥形苗冠即可出圃。

(八) 苗木调查与出圃

1. 苗木调查与分级

(1) 为给苗木生产、供销计划提供科学可靠的依据，在苗木出圃前，应开展苗木质量、产量调查。苗木调查要求有 90%的可靠性，产量精度达到 90%以上，质量精度达到95%以上。在圃地按20%的比例选出标准苗床进行调查。然后在所选的每个苗床上每隔5或10行选一个标准行进行苗木调查。调查内容是高度、地径、顶芽及根系发育情况。

(2) 选择标准差法进行苗木质量分级，首先确定出圃苗的苗龄，在同龄苗中抽样测定地径、苗高等指标，并按M+S（大于1个标准差）的苗木为Ⅰ级苗，M+S-M-S（正负1个标准差间）的苗木为Ⅱ级苗，M-S（小于1个标准差）的苗木为Ⅲ级苗的标准对苗木进行分级。

2. **苗木出圃**

为提高西南桦造林成活率，西南桦苗木须达到壮苗质量标准方能出圃。

第三节　西南桦的无性系选育与繁殖技术

一、西南桦的无性系选育技术

无性系选育技术是一种通过无性繁殖方式培育具有一致遗传特征的植株群体的育种技术。

（一）确定选育目标

在无性系选育之前，首先需要确定选育目标。这些目标可能包括但不限于生长速度快、抗逆性强、木材品质优良、适应当地环境等特性。这些特性的选择取决于西南桦的种植地区和预期的用途。

（二）调查和筛选种群

为了选择适合作为亲本的个体，需要进行对西南桦自然种群的调查和筛选。这包括对不同地区和生境中的西南桦进行野外考察，评估其生长状况、木材品质、抗病虫害能力等性状，以找到具有优异特性的个体。

（三）亲本选择

在野外调查的基础上，选择具有优异特性的个体作为亲本。这些个体可能是在自然种群中发现的，也可能是经过人工栽培或选择的优良品种。选择亲本时需要考虑其遗传背景、遗传多样性，以及与其他亲本的配对搭配，以确保后代的遗传多样性和优良性状的稳定传递。

（四）人工授粉和嫁接

选定亲本后，进行人工授粉或嫁接，以促进杂交或无性繁殖的产生。通过这些技术，可以控制亲本的遗传组合，培育出具有优良性状的后代。

（五）无性系筛选

在后代种子或无性系繁殖材料发芽生长后，进行对这些植株的筛选和评估。这可能包括对生长速度、木材品质、抗病虫害能力等性状的定量和定性评估，以确定哪些无性系具有优良特性，并进一步培育和推广。

（六）扩大繁殖和推广

选定具有优良性状的无性系后，可以通过扦插、嫁接、播种等技术进行扩大繁殖，以获得大批量的相同基因型的植株。这些植株可以用于林木种苗的生产和推广，以满足不同地区和用途的需求。

通过以上步骤，可以有效地进行西南桦的无性系选育，培育出具有优良性状的植株，推动西南桦的规模化种植和应用。

二、西南桦的繁殖技术

繁殖技术在西南桦的培育和繁殖中起着关键作用，可以通过不同的方式实现植株的繁殖和传播。

（一）扦插繁殖

扦插繁殖是一种常用的无性繁殖技术，适用于许多植物种类，包括西南桦。

在扦插繁殖中，首先需要选择健康生长的茎条或枝条作为扦插材料。这些茎条或枝条通常来自成年植株的侧枝或新梢。扦插材料要保持健康、无病虫害，并且要具有适当的生长活力。接下来，扦插材料需要进行适当的处理，如切割、消毒等，以促进生根。处理后的扦插材料插入培养土中，并控制适当的湿度和温度，以提供良好的生长条件。适时浇水、通风，并保持相对湿润的环境有助于促进扦插材料的生根。一旦扦插材料生根，并且新的生长点开始发育，即可将其移植到合适的培育环境中进行进一步生长。

（二）嫁接繁殖

嫁接繁殖是将优良品种的无性系（接穗）嫁接到其他植株的砧木上，以实现优良性状的传递和固定。在西南桦的嫁接繁殖中，首先需要选择具有优良性状的无性系作为接穗。同时，需要选择适合作为砧木的植株，通常选择生长健康、生长迅速、耐逆性强的品种。接下来，通过适当的嫁接技术将接穗嫁接到砧木上，并确保接触部位的良好结合。随着时间的推移，接穗和砧木会逐渐愈合并形成新的植株。嫁接后的植株需要适当的护理和管理，以确保其良好地生长和发育。

（三）播种繁殖

播种繁殖是一种常见的繁殖技术，适用于西南桦等植物的种子繁殖。在播种繁殖中，首先需要采集成熟的种子，通常来自成熟的果实或种子结构。采集的种子需要进行适当的处理，如去除果肉、浸泡、消毒等，以促进种子的萌发和生长。处理后的种子可以播种在育苗盘、育苗箱或育苗田中，控制适宜的温度和湿度，提供适当的光照和通风条件，有助于种子的发芽和生长。一旦种子发芽并生长出健康的幼苗，可以进行适时的移栽和管理，以促进植株的良好生长和发育。

通过以上的繁殖技术，可以有效地实现西南桦的繁殖和传播，为其种植和利用提供优质的种苗和植株资源。

三、西南桦繁殖技术的关键点

（一）选择适宜的繁殖材料

选择健康、生长良好的繁殖材料是繁殖成功的基础。对于扦插繁殖和嫁接繁殖来说，选择的茎条、枝条或接穗必须健康、无病无虫，以确保生根或嫁接后能够顺利生长。对于播种繁殖来说，采集的种子必须成熟健康，没有受到病害和虫害的影响，以保证种子的萌发和幼苗的健康生长。

（二）控制繁殖环境的湿度、温度等因素

繁殖环境的湿度、温度等因素对于繁殖材料的生长发育至关重要。在扦插繁殖和嫁接繁殖中，适宜的湿度和温度有助于促进生根或嫁接部位的愈合。在播种繁殖中，适宜的湿度和温度有助于种子的发芽和幼苗的生长。因此，必须根据西南桦的生长习性和环境要求，精确控制繁殖环境的湿度、温度等因素，提供良好的生长条件。

（三）选择适宜的繁殖技术

西南桦可以通过扦插繁殖、嫁接繁殖和播种繁殖等多种技术进行繁殖。在选择繁殖技术时，需要结合当地的气候、土壤条件及资源条件，选择最适合的繁殖技术。对于需要大量繁殖的情况，可以选择适宜的无性繁殖技术，如扦插繁殖或嫁接繁殖；对于种子资源充足且环境条件适宜的情况，可以选择播种繁殖。选择适宜的繁殖方法有助于提高繁殖效率，保证繁殖成功率。

综上所述，选择适宜的繁殖材料、控制良好的繁殖环境，以及选择适宜的繁殖技术是西南桦繁殖的关键点，只有做好这些方面的工作，才能有效地实现西南桦的繁殖和培育。

第四节　西南桦的无性系组培苗移植培育

一、准备生长基质

准备适宜的生长基质是西南桦无性系组培苗移植培育过程中至关重要的一步。生长基质的选择直接影响着植株的生长情况和健康状况，因此需要慎重考虑。

常用的生长基质包括珍珠岩、蛭石、腐殖质等。这些基质具有良好的透气性和保水性，能够为植株提供良好的生长环境。珍珠岩是一种多孔的岩石，具有良好的透气性和排水性，能够有效防止土壤积水，避免植株根部腐烂。蛭石也具有类似的性质，同时还富含有机质，有助于提供植物生长所需的养分。腐殖质则是一种有机质含量较高的材料，能够改善土壤结构，增加土壤肥力，有利于植株的根系生长和吸收养分。

在选择生长基质时，需要根据具体情况进行选择和配比。考虑因素包括生长环境的温度、湿度、光照条件，以及植株的生长阶段和特性。例如，在温度较高、湿度较低的环境下，可以选择含水量较高的基质，以提高保水性；而在温度较低、湿度较高的环境下，则可以选择透气性较好的基质，以防止水分滞留和根部腐烂。

总之，选择适宜的生长基质对于西南桦无性系组培苗的移植培育具有重要意义。只有确保提供了良好的生长基质，才能够为植株的健康生长奠定良好的基础。

二、无性系组培苗的取出

无性系组培苗的取出是无性系移植培育过程中的关键步骤之一，需要细心操作以确保植株的健康和完整。

首先，需要准备好取出组培苗的工具，如无菌手套、无菌镊子或无菌铲子等。在取出组培苗之前，要先对培养瓶或培养皿进行消毒处理，以确保操作环境的无菌性。

其次，轻轻打开培养瓶或培养皿的盖子，小心地将无菌手套戴好，然后使用无菌镊子或无菌铲子从培养基中取出无性系组培苗。在取出的过程中，要尽量避免对植株造成损伤，保持苗体的完整性。

最后，取出组培苗后，可以将其放置在无菌培养基或适宜的生长基质中，继续进行后续的培育和移植工作。在移植过程中，需要注意避免外界污染和损伤，以确保植株的健康生长。

三、处理组培苗

处理组培苗是确保植物移植后生长健康的重要步骤。以下是一些常见的处理方法。

第一，清洗根部。轻轻地用清水冲洗组培苗的根部，去除残留的培养基和其他杂质。可以使用喷水器或浸泡的方法，但要确保不会损伤根部。

第二，修剪不健康的部分。检查组培苗的根部和茎叶，移除任何看起来不健康或受损的部分，包括枯萎的叶片、软化的茎部或受感染的根系。用消毒的剪刀或刀片进行修剪，以防止病菌传播。

第三，处理根系。如果组培苗的根系过长或过密，可以轻轻地修剪根部，使其更加均匀和适合移植。避免过度修剪根系，以免影响植物的生长。

第四，浸泡根系。将组培苗的根部浸泡在含有生长促进剂或根系保护剂的水中，有助于促进根系的生长和减少移植后的应激反应。

第五，浇水。在处理完组培苗后，适当地浇水，保持土壤湿润但不过湿。这有助于帮助植物适应移植后的环境。

第六，保湿。在处理组培苗后，可以覆盖一层湿润的覆盖物（如湿纸巾或湿毛毯），以帮助保持适当的湿度和防止水分蒸发。

第七，适当的环境。将处理好的组培苗放置在适当的环境中，如温室或室内，确保其受到适当的光照和通风，有利于其快速生长和适应新的生长环境。

通过这些处理步骤，可以帮助组培苗更好地适应移植后的环境，促进其生长和发育。

四、移植组培苗

移植组培苗的一般步骤如下。

第一，准备生长基质。选择适合植物生长的生长基质，可以是土壤、腐殖质、珍珠岩等。确保生长基质消毒干净，以避免病原菌的传播。

第二，为组培苗准备好移植容器。选择适合植物生长的容器，可以是花盆、托盘、培养皿等，容器底部应有排水孔以保证排水通畅。

第三，确定移植深度。根据组培苗的根系长度，确定适当的移植深度。根系应该与生长基质充分接触，但不要将茎部埋在土壤中，以免导致茎部腐烂。

第四，移植组培苗。在移植容器中放入一层生长基质，然后轻轻将组培苗的根系放置在基质上，并将其栽植到容器中。用手指轻轻压实周围的土壤，以确保根系与基质接触紧密，避免空气被困在根系周围。

第五，加入额外的生长基质。根据需要，在组培苗周围和顶部加入适量的生长基质，确保根系周围没有明显的空隙，并且顶部的基质不会淹没茎部。

第六，水分管理。在移植后，适当地浇水以保持生长基质湿润，但避免过度浇水导致积水。水分管理对于新移植的组培苗非常重要，能够帮助其建立根系并适应新的环境。

第七，提供适当的环境。将移植后的组培苗放置在适当的环境中，包括适当的光照、温度和通风条件，以促进其生长和发育。

通过以上步骤，可以有效地将处理过的组培苗移植到准备好的生长基质中，提供良好的生长条件，促进其健康生长。

五、灌溉和管理

灌溉和管理是移植完成后的重要工作，一些相关的注意事项如下。

第一，适量地灌溉。根据植物的需水量和生长基质的湿度情况，进行适量的灌溉。避免过度灌溉导致生长基质过湿，以免影响植物的根系呼吸和生长。

第二，保持生长基质湿润。定期检查生长基质的湿润程度，确保其保持适当的湿润度。避免生长基质过干导致植物水分不足。

第三，定期检查生长情况。定期检查组培苗的生长情况，包括叶片颜色、茎部状态、根系生长等。及时发现问题并采取相应的管理措施。

第四，施肥。根据植物的生长情况和需要，定期施肥以提供所需的营养元素。可以选择有机肥料或化学肥料，按照产品说明进行施用。

第五，除草。定期除去生长基质中的杂草，以减少竞争植物的营养和水分资源，保持组培苗生长环境的清洁整洁。

第六，防治病虫害。定期检查植物是否受到病虫害的侵害，并采取相应的防治措施。可以使用生物防治剂、化学农药或其他有效的防治方法，以保护植物的健康生长。

通过适当的灌溉和管理，可以帮助组培苗保持良好的生长状态，促进其健康生长和发育。

六、环境控制

针对西南桦的生长习性和生态环境要求，以下是一些环境控制方面的注意事项。

第一，温度。西南桦喜欢温暖的气候，适宜的生长温度一般在 15~25 ℃。在移植培育过程中保持室温稳定，避免温度过高或过低对植物生长造成不利影响。

第二，湿度。西南桦对湿度的要求较高，喜欢较高的空气湿度。在移植培育过程中，可以通过增加环境湿度的方法来满足植物的需求，例如使用喷雾器定期喷水增加空气湿度，或者放置湿润的湿度调节器。

第三，光照。西南桦对光照的要求较高，喜欢充足的阳光照射。在移植培育过程中，将组培苗放置在光照充足的位置，避免阴暗潮湿的环境。

第四，通风。良好的通风有助于促进植物生长和防止病虫害的发生。在移植培育过程中，保持室内通风良好，避免植物受到缺氧或二氧化碳过多的影响。

第五，环境。尽量避免将西南桦暴露在极端的环境条件下，如强烈的阳光直射、寒冷的低温、干燥的空气等，这些条件都可能对植物生长造成不利影响。

通过合理控制温度、湿度、光照等环境因素，可以为西南桦提供适宜的生长环境，有利于组培苗的健康生长和发育。

通过以上步骤，可以实现西南桦无性系组培苗的移植培育，促进其健康生长，并为后续的育苗工作打下良好的基础。

第六章 西南桦人工林的造林与病虫害防治技术实践

第一节 西南桦人工林的造林整地与定植技术

一、西南桦人工林的造林整地技术

（一）林种确定

西南桦作为一种多用途、优良速生造林树种，既是水源涵养林、水土保持林、护路林和护岸林等防护林及风景林的理想树种，也是我国热带山地、南亚热带及部分中亚热带地区营造短周期速生丰产林的首选阔叶树种。营造西南桦主要是作为速生用材林，应选择立地条件较好的宜林地开展人工定向培育，以提供建筑、纸浆、人造板、家具等用材。

（二）造林地选择

实际生产经营活动中，在选择西南桦造林地时，必须遵循以下基本原则，并进行综合考虑。

1. **适地适树适种源**

（1）气候。西南桦为喜温、喜湿的阳性树种，在选择造林地时应符合以下基本条件：年平均温度 10.5~21 ℃，≥10 ℃的积温 5500~7500 ℃，最冷月均温 9~15 ℃，极端最高气温约 40 ℃，极端最低温-4 ℃；而西南桦的最适生区为年均温 18~20 ℃，≥10 ℃的积温 6500~7500 ℃，年降水量 1000 mm 以上，年平均相对湿度 70%以上，干燥度 1.5 以下的湿润、半湿润地区。因此，热带山地及南亚热带湿润气候区是西南桦造林的最适生区和丰产区，其次是中亚热带半湿润气候区。

（2）土壤。西南桦对土壤的适应性很高，在砖红壤性红壤、赤红壤、红壤、黄壤、黄棕壤等 pH 值为 4.2~6.0 的酸性土壤上都适宜生长。山地雨林、季风常绿阔叶林和思茅松林区的采伐迹地、荒山荒地皆可作为西南桦造林地。

(3) 海拔。从西南桦的垂直地带性来看，在云南造林地海拔高度，滇东地区控制在 500~1500 m，滇西地区控制在 800~1800 m，滇南地区控制在 800~1600 m。

2. 选择宜林地营造用材林

西南桦生长迅速，对光、热、水、肥的需求量较大，因此，造林地宜选在土层较深，肥力较高的山体中下部，坡向为阳坡或半阳坡，才能满足西南桦快速生长的需求。据西南林学院李根前在景谷县调查发现，西南桦林分上层高及林分平均高与坡位之间呈极显著正相关关系，即从山顶到山坡下部，西南桦高生长量越来越大。同时，为便于西南桦人工林的集约化经营管理，规划发展林地宜相对集中连片，每一个造林地块面积最好在 20 hm^2以上。

3. 禁止毁林

总结以往的教训，在西南桦人工林地的选择上，切忌毁掉现有林地重新造林，尤其不能破坏含有大量地带性植被建群种的天然林。对于遭受强烈自然灾害确已很难恢复生长的或原有树种与立地匹配不当影响地力发挥的林分，须征得上级林业主管部门的正式批准后方可列为主伐改造对象。

4. 林地权属稳定性

为确保造林地经营管理的持续性，凡林地权属不清或存在林权纠纷的地块，不宜营建西南桦人工林。

5. 与当地社会经济条件相适应

西南桦虽为我国热带和南亚热带地区的乡土树种并早已为当地群众开发利用，但由于相关科技成果的转化与推广力度不足，导致西南桦适宜地区的林业工作者和群众缺乏造林技术知识和优良的种植材料，加之该树种的种植管理技术要求和成本投入较针叶树种（如思茅松）更高，制约了西南桦人工林的发展。为此，西南桦造林地的选择必须考虑当地社区和群众的技术接受能力和经济承受能力，以适应当地社会经济发展的需求。

（三）整地技术

造林整地是人工林栽培的重要技术措施，正确、细致、适时地进行造林整地，具有多方面的良好作用。

1. **整地目的**

（1）清除杂草灌木，改变地面状况，疏松土壤，从而改善外界环境条件，为西南桦生长发育创造适宜的条件，使林木更好地生长。

（2）可以改善土壤的物理性质，增加土壤含水量，提高地温，增强土壤的透气性，形成适宜西南桦生长的土壤空气、水分和热量条件。

（3）可以加速土壤的物理化学风化和生物风化作用，促使各种营养元素的有效化和可溶性盐类的释放，促使生物残体分解，增加土壤腐殖质和易被西南桦吸收的营养物质，从而提高土壤的肥力。

（4）有利于造林施工，提高造林质量。

2. **整地时间**

西南桦为雨季造林树种，为便于熟化土壤、提高土壤温度和拦截早期雨水冲来的地表肥土及有机质，增加土壤肥力，西南桦造林地的整地工作一般在冬春季节开始，4—5 月以前完成，即在造林 1～2 个月前整好地。在冬春季湿润多雨的地区，也可在初春定植，其整地时间则可相应提前至上一年 10－12 月。

3. **整地方法**

丘陵地带光照较强，造林时西南桦的幼嫩组织容易受强光照的伤害（灼伤），加之我国热带和亚热带地区地势起伏较大，坡度较陡，难以实施机械作业，全面整地易引起严重水土流失，因此不宜采用全面整地方式。通常是在全面清理炼山的基础上，采用带垦或穴垦方式进行整地。

（1）带状整地。

第一，水平带状。为连续长带状，带面与坡面基本持平，带宽 1～2 m 不等，整地深度一般为 30 cm。此法适用于植被茂密，土壤较深厚、肥沃、湿润的荒山或迹地的中缓坡。

第二，水平阶。水平阶又称水平条，沿等高线把坡面修成台阶状，阶面水平或稍向内倾斜成反坡（约 5°），以防止水土流失，阶面一般宽 0. 8～1 m。开带时先从山脚开始，先修第一阶，然后将第二阶的表土下填，以此类推。

第三，反坡梯田。整地时梯田面向内倾斜成 30°～15°反坡，田面宽 1～3 m，埂内外侧坡均约60°，每隔一定距离修筑土埂，以预防水流汇集。整地深度在40 cm左右。

第四，水平沟。水平沟是沿等高线挖沟的一种整地方法，沟面应低于坡面且保持水平，构成断面为梯形或矩形沟壑，梯形水平沟上口宽0.5~1 m，沟底宽0.3 m，沟深40 cm以上。水平沟整地能拦蓄大量降水，防止水土流失，主要用于水土流失比较严重的造林地区，但这种整地方法的挖土量大，费工费力，成本较高。

第五，撩壕。沿等高线挖壕沟，沟面保持水平；宽度、深度依不同方法而异，其中大撩壕宽约0.5 m，深约50 cm，上下两壕相距2.5 m，而小撩壕宽约0.5 m，深30~35 cm，两壕相距2 m。撩壕整地松土深度大，挖去心土，回填表土，使肥沃土壤集中于根系附近，加速幼林生长，提早成材。

（2）块状整地。块状整地是呈块状翻垦造林地土壤的整地方法。块状整地灵活性大，可以因地制宜地应用于各种条件的造林地，且整地比较省工，但改善立地条件的效果较差。块状整地时，块状地的排列方向应与种植行一致且沿等高线成行。主要有穴状和鱼鳞坑两种方法。

第一，穴状整地。目前生产上西南桦人工林的穴状整地主要有40 cm×40 cm×30 cm和50 cm×50 cm×40 cm两种，穴面与坡面平。

第二，鱼鳞坑。为近似于半月形的坑穴。坑面低于原坡面，保持水平或向内倾斜凹入，一般长径0.7~1.5 m，短径0.6~1 m，深30~50 cm。

二、西南桦人工林的定植技术

（一）定植季节

1. 基本原则

定植时间的选择直接影响到造林成活率的高低。应根据造林地区的气候、土壤条件、社会经济状况等因素来确定造林季节和时间，即要做到选择温度适宜，栽植省工、省力、省投资的季节进行。

2. 各地造林季节

（1）云南、海南。在云南和海南，西南桦造林季节主要集中在雨季，即6~9

月。而以6月初造林为最好，定植后正值高温高湿季节，有利于幼树的生长，当年能获得较大的生长量。在此期间，可于降1~2次透雨后立即造林，定植后短时间不降雨，也不会造成苗木枯死，只要半个月内降1次透雨仍能获得较高的苗木成活率。试验研究结果表明，西南桦在冬季（12月）造林，当年基本无生长量，第2年年终测定，平均树高1.7 m，平均地径2.24 cm；旱季（4月）造林，当年年终测定，平均树高1.29 m，平均地径1.32 cm；雨季初期（5月）造林，当年年终测定，平均树高1.52 m，平均地径1.91 cm。

（2）广西。在广西，造林季节的确定还要考虑寒潮的退却时间，造林最好时期是2—3月，4月气温已升高，造林容易造成幼苗死亡，要特别注意选择时间，要求在透雨后1~2 d，最多不超过3 d完成造林任务，有条件者最好冒着细雨造林，这样才可获得较好的造林效果。

（二）造林密度

1. 基本原则

在合理的造林密度下，植株可以充分利用土地和光、热、水、气等环境资源，促进林木生长，提高单位面积产材量和经济价值。林木正常的生长发育要求有一定的营养面积，不同的树种在不同立地条件和不同的生长发育时期，所需要的营养面积是不同的。所以，林分的密度在森林生长发育过程中，是随着年龄的增长而不断变化的。如果栽植密度过小，幼林郁闭迟，地面杂草丛生，不利于植株吸收表土的营养物质，同时密度过小，造成树冠过大，侧枝横生且较多。相反，如造林密度过大，幼林郁闭较快，抚育间伐跟不上，则每株林木的营养面积不足以维持自身的生存和发育，从而使林木分化，严重影响林木生长。

2. 种植密度

西南桦造林密度主要由不同的培育目的、造林地立地条件、经营管理水平及投资成本等四个方面的因素决定，通常情况下可采用2 m×2 m、2 m×3 m、3 m×3 m的株行距。

一般情况下，立地条件差，种植密度宜大，在中下等立地条件下，每公顷2500株（2 m×2 m的株行距）；在中等立地条件下，每公顷可种植1665株

(2 m×3 m的株行距)；在土层深厚、肥沃的立地条件下，每公顷可种植1110株(3 m×3 m的株行距)。

采用2 m×2 m或2 m×3 m的株行距，造林后幼林郁闭快，可减少抚育次数，但后期应及时进行抚育间伐，以利于林木生长。

采用3 m×3 m的株行距造林，由于西南桦幼林树冠较小，且枝细、叶疏，造林初期压不住杂草，需增加抚育次数。但根据云南省林科院在西双版纳普文试验林场的研究结果：采用3 m×3 m的株行距造林，从第4年开始，高径生长量均比2 m×2 m的株行距造林的幼林生长量大，如适当延长抚育年限，则可培育大径级材。

据中国林业科学研究院热带林业研究所对西南桦不同造林密度（1.5 m×2 m、2 m×2 m、2 m×3 m、3 m×3 m）与生长量的关系研究表明：林分密度对高生长有影响但不显著，而与胸径生长呈显著负相关关系，即密度越大胸径越小。另外，林分密度对材积生长影响显著，它与林分蓄积量呈正相关关系，而与单株材积呈负相关关系。

此外，就西南桦栽培技术来说，栽培技术越细致越集约，西南桦越速生，从而相对来讲要求稀植。同时进行林农间作结合幼林抚育的育林方法也要求初植密度适当降低。

西南桦造林密度的大小还与造林成本有关，因此一种造林密度是否适宜，还必须从经营者对其相应造林成本的承受能力，以及造林成本能否从其效益中获得足够的补偿来衡量。因此，应根据具体情况，选择适宜的初植密度，以争取最终达到收益的最高点。

（三）造林方法

1. 苗木处理

苗木出圃前如果容器苗袋内营养土缺水，应灌1次透水，待水稍干，容器内营养土稍硬时起苗。如苗木过大，枝叶较多时，也可截去一部分枝叶，以减少水分损失。起苗时从苗床一头按顺序出圃，注意保持袋体完整，防止散袋，损伤苗木根系。运输途中要做好保鲜、保湿，防止风吹、暴晒。应采用茎干粗壮、木质化程度高且冠幅成圆锥形的Ⅰ级、Ⅱ级营养袋苗。

2. 基肥施用

为促进幼林生长，造林时最好施用基肥，基肥一般用磷肥，每穴 100~300 g，施肥时要求肥与土混匀。方法是把磷肥放在挖出的新土上，回土时将肥料和土壤混匀；肥料放在穴内亦可，但回土约 1/2 穴深时用锄头把土与肥混合均匀，切忌肥料堆在一起造成肥害。在有条件的地方可混施有机肥，有机肥要与磷肥和土壤混合均匀。“中国云南热带阔叶树种造林技术开发与示范项目”在云南孟连点（海拔 1100 m）的试验结果表明，施用基肥的西南桦幼林地，半年生平均高达 1. 2 m，而未施基肥的对照幼林生长很差，半年生平均高仅 30~40 cm，山脊上生长更差，高仅 20 cm 左右，施肥林分幼树的高生长显著高于不施肥林分。

3. 植苗造林

定植穴回填后预留深度和宽度略大于袋体，采用悬空贴壁栽植方法进行栽植。栽植时要将容器袋撕除，并保持苗木根团不散，根系完整。回填土后先挖一个 15 cm 左右（视营养袋的大小而定）深的小穴，将苗木放置在小穴正中，扶正苗后再培土，然后充分压实，使回填土与营养土充分接触，以利于根系的生长及从土壤中吸收水分和营养。栽植后整平穴面，穴面覆一层虚土，以利保墒，提高造林成活率。

（四）混交树种及方式

1. 营造混交林的必要性

结构单一的人工纯林，在许多地区导致了森林病虫害蔓延，林地地力衰退和林木生长不良。特别是在人工纯林逐年扩大的同时，原有天然混交林面积却在不断缩小，使林区生态环境恶化，森林生产力下降。历史经验使人们越来越深刻地认识到，提倡多树种造林和培育混交林，是人工林发展的必然趋势。

混交林能充分利用自然条件和土壤肥力，提高单位面积的产量，并能改良土壤，增加土壤肥力，增强林木对外界不良因子（病虫害、低温、干旱）的抵抗能力。因而在生产实际中，应根据不同情况营造混交林。

2. 混交树种选择

西南桦为强阳性树种，喜欢温暖湿润的环境，对土壤肥力有一定要求，在选择伴生树种时应考虑这些特性，可选择生长习性和生态要求与其相近或相似的树种，以达到相互促进生长的效果；也可选择一些耐阴树种进行混交。一般情况下，备选树种有山桂花、马尖相思、大叶相思、高阿丁枫、格木、红椎、红木荷、思茅松、杉木、铁力木、印度紫檀和旱冬瓜等用材树种，也可采用肉桂、咖啡等经济作物。

3. 混交方式

混交造林的成败，不仅取决于树种的选择，还取决于混交的方法。常用的混交方法有株间混交、行间混交、带状混交和块状混交。

在进行混交作业设计时，应根据树种的培育目标决定采用何种混交方式。如西南桦与思茅松或马尖相思混交，如思茅松的培育目标为小径材，应采用块状混交的方式，以利于思茅松的主伐；如西南桦与山桂花、高阿丁枫等树种混交时，两者均以培养大径材为目的，且主伐年龄相近时，可任意采用一种混交方法。西南桦与肉桂混交时可采用宽行窄株的混交方式，西南桦 2 m×2 m，肉桂 2 m×1 m，树种间间隔 3~4 m，西南桦与经济林木的混交，可以以短养长，在短期内可获得一定的经济收入，这在经济贫困的地区具有较强的可行性，但各地区应根据各自的情况选择混交作物的种类。

（1）株间混交。株间混交又称行内混交、隔株混交，是在同一种植行内隔株种植两个以上的树种。如西南桦+马占相思、西南桦+大叶相思、西南桦+红木荷等。

（2）行间混交。行间混交又称隔行混交，是一行西南桦与另一行其他树种依次配置的混交方式。如西南桦+山桂花、西南桦+咖啡、西南桦+红椎等。

（3）带状混交。带状混交是西南桦连续种植三行以上构成一条带，与另一个树种构成的带依次配置的混交方法。如西南桦+印度紫檀、西南桦+铁力木、西南桦+高阿丁枫等。

（4）块状混交。块状混交又叫团状混交。是把西南桦栽成规则的或不规则的块状，与另一树种的块状依次配置进行混交的方法。如西南桦+思茅松、西南桦+山桂花、西南桦+高阿丁枫等。

4. 混交比例

混交林一般以西南桦为主，与山桂花等经济价值较高的用材树种混交时，西南桦/山桂花混交比例可采用 1∶1 或 2∶1 均可，而与思茅松、旱冬瓜等短轮伐期或以培养小径材为主的用材树种混交时，可适当扩大西南桦/思茅松或西南桦/旱冬瓜的混交比例，以 2∶1 或 3∶1 为宜。

第二节　西南桦人工林的幼林抚育与林地管理

一、西南桦人工林的幼林抚育

西南桦人工幼林的抚育管理，是从造林后至郁闭以前这时期所施行的抚育管理措施。幼林抚育管理的目的在于通过土壤管理创造较为优越的环境，满足苗木、幼树对水分、养分、光照、温度和空气的需求；在于进行林木控制，使之生长迅速、旺盛，并形成良好的干形；在于保护幼林，使其免遭恶劣自然环境条件的危害和人为因素的破坏。

（一）补植

定植 1 个月后，苗木成活或死亡情况已定，应及早开展第 1 次新造林地的成活率调查，对造林成活率不合格（<85%）的造林地，应及时进行补植或重新造林，以使补植苗木有充分的当年生长期。第 2 次成活率调查在次年雨季前 1 个月开展。雨季补植，应用同龄大苗。

（二）松土除草

1. 目的

（1）松土。疏松表土，切断表层和底层土壤的毛细管联系，以减少土壤水分蒸发，改善土壤的通气性、透水性和保水性，促进土壤微生物活动，加速有机质的分解和转化，提高土壤的营养水平，有利于幼林的成活和生长。

（2）除草。排除或减少杂灌木与西南桦对水、肥、气、热、光的竞争，促进幼树生长。

2. 时间

西南桦造林地的松土除草工作应与扶苗、除蔓等结合进行，做到“除早、除小、除了”，对穴外影响幼树生长的高密杂草要及时割除。通常情况下，造林当年10—11月应进行1次除草抚育，以后每年进行2次除草松土，时间分别为6—7月和11—12月，直至幼林完全郁闭（3~4年）。

3. 方法

西南桦虽为阳性树种，但造林初期光照也不宜过强。西南桦新造林地的松土除草宜采取带状或块状作业方式，以减少地面阳光反射，有利于幼树生长。忌全面抚育，强光直接照射地表和幼树，易造成幼树灼伤。

松土时注意不要伤害幼树，树根附近要浅锄，树冠外围可深一些，但原则上松土深度以不伤害根系为宜，一般为10~15 cm。除草应在树周1 m范围内进行，把树周的杂草全部清除干净，连续清除3年。在松土除草时，应同时进行扶正歪倒的苗木和树根部外露的培土等工作。

西南桦人工林幼林除草是营林中的一项重要工作，传统上用人工除草，劳动强度大，效率低，抚育效果持续时间短。若使用化学除草剂，可最大限度地消灭杂草，避免杂草与目的树种西南桦争水、争肥、争光，同时能有效地延长林地无草期。

目前林业上较常用的化学除草剂有15种左右，例如五氯酚钠、除草醚、二甲四氯等。根据不同灌草种类，在西南桦幼林抚育中可选用草甘磷、草甘磷+调节磷及威尔柏+草甘磷等化学除草剂进行杂草叶面喷洒。

（三）施肥

一般造林后每年结合第1次松土除草（4—5月）施1次肥，连续追肥3年。每株追施150~200 g尿素或复合肥。追肥采取沟施方式，施肥时离树干基部50 cm以内挖一个月牙形沟，沟深15 cm，宽10 cm，长40~50 cm。放肥后回土，回土时将肥与土混匀。

（四）修筑防护沟/栏

西南桦幼树树皮极薄，一旦遭碰撞擦破，极易引起幼树死亡，践踏也是重要的危害之一。因此，在人、畜活动频繁的新造林地应开挖防护沟或修筑防护栏，进行封禁保护，严禁林地放牧和砍柴。这样做也便于林地防火工作的开展。

二、西南桦人工林的林地管理

（一）林地施肥

西南桦属菌根营养型树种，在自然条件下不仅可形成外生菌根（ECM），也可与 VA 菌根菌（或称 AM 菌根菌）共生形成 VA 菌根（VAM）。因此，西南桦具有一定的自肥能力，一般造林不进行施肥。

集约经营的西南桦人工林，为提高西南桦的生长量，缩短主伐年龄，要根据林地土壤营养元素的丰缺状况及不同的林龄阶段对土壤肥力的需求，确定施肥的种类与单位面积的施肥量。一般每间隔 5~7 年应追施复合肥 1 次，每株 200~300 g，施肥时离树干基部 80~100 cm 处挖深 15~20 cm 的小沟，把肥料均匀地撒入沟，回土并充分拌匀即可。

（二）林内间种

西南桦为落叶乔木，每年有 3~4 个月的落叶期，林地裸露。加之西南桦虽树冠高大，但较稀疏，林内有一定的透光度，强降雨时会引起地表土壤冲刷。为充分利用林地和光照条件，增加地表覆盖、减少地表冲刷和水土流失，改良土壤，提高单位面积的经济产出，可在西南桦林内种植固氮植物或耐阴的药材、花卉、饲料等作物。

第三节　西南桦人工林的病虫害及其防治技术

一、西南桦主要病害及其防治

（一）猝倒病

1. 猝倒病的症状

由于苗木受感染的时期不同，表现症状各异。在播种时，种子刚发芽时受感染表现为种腐型。在种子发芽后幼苗出土前受感染表现为芽腐型，幼苗出土后嫩茎未木质化前受感染表现为猝倒型。苗木木质化后，由于根部受感染，使根部发生腐烂，造成苗木枯死而不倒伏表现为立枯型。

2. 猝倒病的病原及发病规律

（1）引起西南桦苗猝倒病的病原菌因地、因时而异，主要有两大类：一类是非侵染性因素，如土壤黏重，排水不良，覆土过厚等；另一类是侵染性病原，主要有丝核菌、镰孢菌、腐霉菌等。这些侵染性病原菌主要在土壤中的植物残体上营腐生生活。因此，土壤带菌是猝倒病的主要来源。

（2）该病害的发生与下列条件有密切关系：① 前作是茄科、葫芦科和十字花科等感病植物或是连作针、阔叶苗木，病株残体多，繁殖快，易使苗木发病；② 土壤黏重，圃地低湿或易积水，土壤板结，湿度过大，种芽和幼苗呼吸受阻，窒息腐烂；③ 施用未腐熟有机肥；④ 种子质量低，圃地粗糙，发芽率低，出土不齐或不易出土，抗病力差，易发病；⑤ 播种不适时，增加发病机会。

3. 猝倒病的防治措施

（1）选好圃地。尽可能避免用连作地，以及易感病植物的栽培地块和洼地育苗。如不得已时，则必须用2%～3%硫酸亚铁水溶液以每平方米 9 L 进行浇灌，或用70%敌克松，每平方米 4～6 g 或撒生石灰，每亩 20～25 kg。

（2）细致整地，改进播种方法。圃地要平整，深翻细耙，以免播后高低不平而积水，土块太粗而漏风，影响出苗；整地宜在土壤干燥和天气晴朗时进行，以免水分太大造成板结，幼苗不能出土。

（3）选好种，适时播种。

（4）合理施肥。施用农家有机肥，特别是施用垃圾肥或堆肥时，必须充分腐熟后施入。

（5）出苗后的防治。幼苗出土后如遇连续阴雨天气，则应在雨停后抓紧扒土，并用敌克松、25%多菌灵或50%代森锌等药剂制成药（1份）±（50份）后撒在根茎部，或用1：1：100~200倍的波尔多液喷洒苗木可以收到较好效果。

（二）煤污病

1. 煤污病的症状

病害先在叶片正面沿主脉产生，逐渐覆盖整个叶面，严重时叶面布满黑色煤尘状物。病菌的菌丝体覆盖叶表，阻塞叶片气孔，妨碍正常的光合作用。

2. 煤污病的病原及发病规律

西南桦煤污病病原菌为煤炱菌属一种，属于囊菌亚门核菌纲。病菌以菌丝体或子囊座在叶面或枝上越冬。春、秋为病害盛发期，过分荫蔽潮湿时容易感病，病菌由介壳虫、蚜虫经风雨传播。西南桦叶上蚜虫分泌的蜜汁为病菌的生长提供了营养源。

3. 煤污病的防治方法

苗期可用75%百菌清湿性粉剂600~800倍液或40%多菌灵胶悬剂600倍液，隔15 d左右喷洒1次；或喷洒10~20倍的松脂合剂及50%硫磷乳剂1500~2000倍液以杀死介壳虫（在幼虫初孵时喷施效果较好），或用40%氧化乐果2000倍液或50%马拉硫磷1000倍液喷杀蚜虫。

幼林期通过抚育间伐调整林分密度来增加透光、透风度，可减轻或减少病害，不严重时一般不用防治。

（三）流胶病

1. 流胶病的症状

流胶病主要危害枝、干。新枝染病，以皮孔为中心树皮隆起，出现直径 1~4 mm的疣，其上散生针头状小黑点，即病菌分生孢子器。在大枝及树干上，树皮表面龟裂，粗糙。后瘤皮开裂陆续溢出树脂，透明、柔软状，树脂与空气接触后，由黄白色变成褐色、红褐色至茶褐色硬胶块。病部易被腐生菌侵染，使皮层和木质部变褐腐朽，树势弱，叶片变黄，严重时全株枯死。

2. 流胶病的病因及发病规律

西南桦流胶病主要是由枝干冻害、虫害及农事操作留下伤口、通风不良、不合理灌水、施肥等原因引起的，也可由真菌引起。一般雨后流胶较重。当气温较高时，病部即可渗出胶液，随气温上升，树体流胶点增多。一般直立生长的枝干基部以上部位受害严重，侧生枝干向地表的一面重于向上的部位，枝干分杈处受害亦重；土质瘠薄，肥水不足，负载量大，均可诱发该病。

3. 流胶病的防治方法

结合抚育管理，清除被害枝梢。低洼积水地注意开沟排渍，增施有机肥及磷肥、钾肥，控制树体负载量。冬季刮去胶块，再用 50%退菌特 50 g+5%硫悬浮剂 250 g 混合涂抹。生长期喷洒 50%多菌灵可湿性粉剂 800 倍液或 50%混杀硫悬浮剂 500 倍液、50%苯菌灵可湿性粉剂 1500 倍液、70%甲基硫菌灵超微可湿性粉剂 1000 倍液。每 15 d 喷 1 次，共喷 3~4 次。

（四）非侵染性病害

1. 日灼

日灼是指西南桦在热区低地造林时，由于强光直射或裸地反射过强导致死皮的现象。防治方法：要尽力避免低地造林，或者采用造混交林的方式以避免或减少灼伤，适时浇水，及时防治病虫害，保护西南桦枝叶齐全，使之生长发育正常，也可避免或减少植株灼伤。林地保留植被，减少光照及反射也是生产中实用而重要的措施。

2. 土表烫伤

土表烫伤是指在夏季苗床表面温度过高时，极易烫伤西南桦苗木幼茎。苗嫩而温度过高时，苗迅速倒伏，苗稍大而烫伤严重时则形成立枯苗。适时地拉盖遮阴网和加强管理能够避免幼苗被烫伤。

3. 药害

使用各种化学药剂如果浓度过高，用量过大，或使用方法不当时都易发生药害，不仅影响到苗木的生长发育，严重者会引起苗木死亡。这要求在使用各种化学药液的过程中，要有专业技术人员进行指导，同时加强用药管理以免产生药害。

二、西南桦主要虫害及其防治

（一）刺蛾类

刺蛾类以幼虫对西南桦造成危害。

1. 刺蛾的幼虫形态

刺蛾科的幼虫呈椭圆形，或称蛞蝓形，其身体上有枝刺和毒毛，触及皮肤立即发生红肿，痛辣异常，俗称“痒辣子”“火辣子”或“刺毛虫”，中文名称刺蛾。

2. 刺蛾的危害特点

刺蛾幼虫食叶，低龄啃食叶肉，稍大食成缺刻和孔洞，严重时食成光杆，重者造成幼树死亡。

3. 刺蛾的防治方法

秋冬季摘虫茧或敲碎树干上的虫茧，减少虫源，在幼虫盛发期喷洒80%敌敌畏乳油1000～1200倍液或50%辛硫磷乳油1000～1500倍液、50%马拉硫磷乳油1000倍液、25%亚胺硫磷乳油1300倍液、5%来福灵乳油3000倍液。

（二）白蚁

1. 白蚁的危害特点

白蚁对苗木的危害，一般是由于苗木生长衰弱，或者是白蚁食料水分缺乏引起的。白蚁对苗木的危害，首先是取食土面以下 2~3 cm 处的根部皮层，进而取食木质部。苗木粗直径在 2 cm 以下时，白蚁可将土面下的苗根全部食尽。苗木地上部分枯死，用手轻轻一拔就可提起苗干。苗干直径在 2 cm 以上时，土面下的根皮被白蚁蛀食，形成环状剥皮使苗木枯死，危害严重时枯苗率达 30%以上。

2. 白蚁的危害原因

苗木生长衰弱是诱发白蚁危害的常见情况，引起苗木生长衰弱的主要原因有：① 没有适地适树，西南桦苗木对土、水、肥具有一定的要求，不适当的种植会导致苗木生长衰弱；② 移苗时伤根太多，带土太少，或树苗上的枝叶太多，种植后根部吸收的水分少，不够地上部分枝叶的水分蒸发，使枝叶部分或全部枯死，苗木难以恢复生机；③ 起苗后不及时种植，又没有妥善保护好苗木，种后苗木成活率低；④ 种苗时不按技术要求施工，如苗根太小，根不舒展，根土不密实，不及时淋定根水等都会引起苗木生长衰弱。另外用营养袋（杯）育苗，种植后，如营养袋或营养土中含有白蚁喜食的物质也会引起白蚁危害。

3. 白蚁的防治方法

（1）严格按技术要求栽种苗木，栽种后加强管理，使苗木迅速恢复生机，增强抗白蚁能力。

（2）对易受白蚁危害的苗木和插条可在雨季造林栽种，因雨季苗木易恢复生机，白蚁危害轻。

（3）营养杯或营养土中含有白蚁喜食物，栽种时可在穴内覆土中或营养袋的周围土中均匀撒入 3%呋喃丹颗粒剂，每穴用 30~50 g，视穴的大小而定。

（4）苗圃有白蚁蛀害苗木时，首先分清这种白蚁是家白蚁还是土栖白蚁。家白蚁的工蚁、兵蚁除头部外，身体是白色或均匀的黄白色的，而土栖白蚁的身体是黄褐色的，身体的内脏和食物为淡褐色隐约可见。家白蚁一般用松木板诱杀，首先在有活白蚁处挖一个 0. 333 m 见方的土坑，在坑内竖放排列满松木板，上面用塑料薄膜盖好，再培上一层土，坑面稍高出地面以利排水。过 25 d 检查诱杀坑，如有白蚁，可在板缝间喷灭蚁灵粉，使尽量多的白蚁带药回巢，引起全巢死亡。土栖白蚁用桉树皮、蔗渣放入坑内诱杀，一般 10 d 检查发现有白蚁，可喷灭蚁灵粉毒杀。

（5）苗木种植后，如发现苗木受害，可先在苗根周围松土，深达根部附近，然后用 10%二氯苯醚菊酯，或 50%辛硫磷乳油 1000 倍药液淋透根部，以达驱蚁保苗的目的。

（三）其他虫害

在苗期常有蝗虫及鳞翅目幼虫危害小苗，主要啃食嫩叶、嫩梢或从基部咬断。防治方法：可用 90%敌百虫或 40%乐果 1000 倍液喷洒防治。除此之外，还有金龟子、蛾类等食叶害虫，但是危害并不严重，严重时可用灯光诱杀或喷乐果等药液来进行防治。

参考文献

[1] 张萌萌. 人工阔叶红松林土壤微生物群落结构及多样性解析［M］. 哈尔滨：黑龙江大学出版社，2023.

[2] 殷继艳. 林学概论［M］. 北京：应急管理出版社，2022.

[3] 吴志华，尚秀华. 桉树人工林培育技术与管理［M］. 北京：中国林业出版社，2021.

[4] 吴保国，苏晓慧. 现代林业信息技术与应用［M］. 北京：科学出版社，2021.

[5] 王瑶. 森林培育与林业生态建设［M］. 长春：吉林科学技术出版社，2020.

[6] 徐培会，王瑶. 林业资源管理与设计［M］. 长春：吉林科学技术出版社，2020.

[7] 马履一，彭祚登. 林学概论［M］. 北京：中国林业出版社，2020.

[8] 陈绍志. 森林经营管理模式创新实践与示范技术体系［M］. 北京：中国林业出版社，2019.

[9] 王卫斌，吴兆录，杨德军，等. 西南桦人工林群落研究［M］. 北京：科学出版社，2018.

[10] 梅莉，张卓文. 森林培育学实践教程［M］. 北京：中国林业出版社，2018.

[11] 庞正轰. 西南桦培育技术［M］. 北京：中国林业出版社，2018.

[12] 段旭，赵洋毅. 森林培育学实习指导教程［M］. 北京：中国农业出版社，2017.

[13] 黄荣雁. 森林培育技术［M］. 哈尔滨：东北林业大学出版社，2016.

[14] 朱存福，李莲芳. 森林培育学实验指导［M］. 昆明：云南教育出版社，2016.

[15] 王景燕，李吉跃. 森林培育［M］. 北京：中国林业出版社，2016.

[16] 聂艳丽. 西南桦优良无性系选育与繁育推广［M］. 北京：科学出版社，2015.

[17] 孙启武. 西南桦人工林土壤质量变化及其苗期施肥效应与营养诊断 [D]. 北京：中国林业科学研究院，2006：19-32.

[18] 黄云鹏. 森林培育技术综合实训教程 [M]. 北京：中国林业出版社，2014.

[19] 张建国. 森林培育理论与技术进展 [M]. 北京：科学出版社，2013.

[20] 王恩久，李学. 森林培育技术 [M]. 哈尔滨：东北林业大学出版社，2012.

[21] 赵垦田，杨小林，张昆林. 高级森林培育学 [M]. 拉萨：西藏藏文古籍出版社，2012.

[22] 卫星主. 森林培育学实验实习指导 [M]. 哈尔滨：东北林业大学出版社，2011.

[23] 翟明普. 现代森林培育理论与技术 [M]. 北京：中国环境科学出版社，2011.

[24] 李怒云，何友均，李智勇，等. 可持续森林培育与管理实践 [M]. 北京：中国林业出版社，2011.

[25] 曾杰. 西南桦丰产栽培技术问答 [M]. 北京：中国林业出版社，2010.

[26] 王卫斌，张劲峰. 西南桦人工林培育技术实用手册 [M]. 昆明：云南科学技术出版社，2003.

[27] 黄云鹏. 森林培育 [M]. 北京：高等教育出版社，2003.

[28] 沈国舫. 森林培育学 [M]. 北京：中国林业出版社，2001.

[29] 翟明普. 森林培育学 [M]. 北京：中央广播电视大学出版社，2001.

[30] 任占梅. 林木种苗与森林培育技术应用探讨 [J]. 世界热带农业信息，2023 (12)：40-41.

[31] 马军民. 森林培育过程中森林抚育间伐的重要性 [J]. 林业科技情报，2023，55 (4)：76-78.

[32] 贾松林，陈用刚，何遥祝，等. 森林培育在生态环境建设中的价值探讨 [J]. 林业科技情报，2023，55 (4)：95-97.

[33] 曹健. 森林培育对林业产业可持续发展的影响研究 [J]. 中国林业产业，2023 (10)：81-83.

[34] 苏艳芳. 加强科学森林培育助力林业可持续发展 [J]. 中国林业产业，2023 (9)：38-39.

[35] 王刚. 森林经营分类与森林培育分析 [J]. 新农业，2023（18）：46-47.

[36] 陈春霞. 浅谈强化森林培育促进林业现代化 [J]. 河南农业，2023（26）：36-38.

[37] 李善忠. 森林资源培育的重要性及有效策略 [J]. 河北农业，2023（7）：67-69.

[38] 李希晓，张恩向，赵满，等. 17 个西南桦优良无性系幼林优选测定 [J]. 林业科技通讯，2023（5）：101-104.

[39] 徐明艳，聂艳丽，邓桂香，等. 西南桦优良无性系选育研究 [J]. 西南林业大学学报（自然科学），2022，42（2）：163-167.

[40] 骆丹，王春胜，曾杰. 西南桦幼林生长与枝条发育对光环境的响应 [J]. 华南农业大学学报，2021，42（4）：83-88.

[41] 覃雯霞，吴伟平，彭福燕，等. 西南桦人工林生长规律研究 [J]. 湖北林业科技，2019，48（6）：23-26，30.

[42] 邹慧. 西南桦幼苗菌根真菌接种与施磷效应研究 [D]. 北京：中国林业科学研究院，2018：21-29.

[43] 陈琳. 西南桦苗期营养诊断与氮素施肥 [D]. 北京：中国林业科学研究院，2010：24-33.